JN177186

SCIENCE

岩波科学ライブラリー 264

昆虫の交尾は、味わい深い…。

上村佳孝

岩波書店

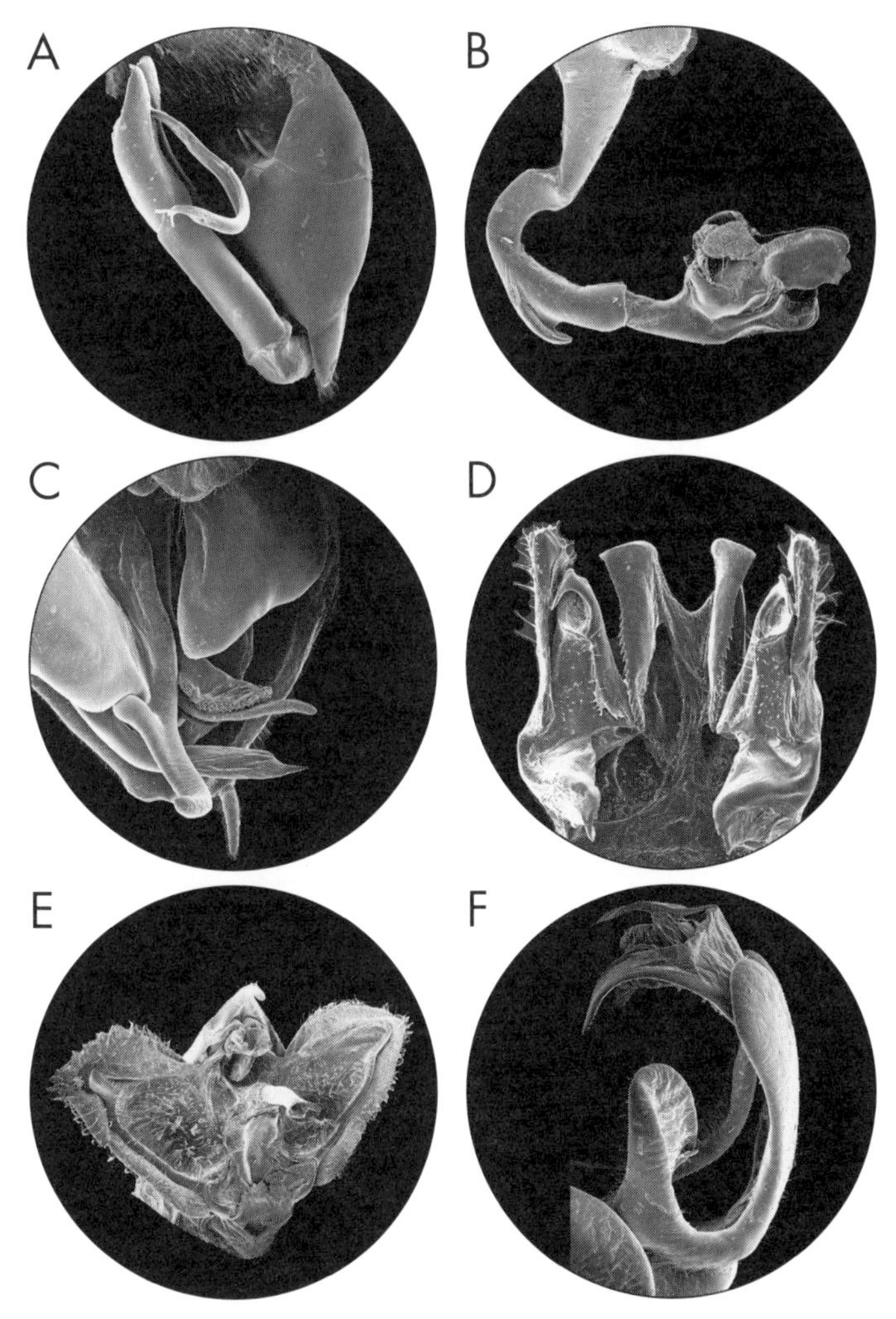

昆虫の交尾器クイズ

オニヤンマ、オオカマキリ、ミンミンゼミ、アゲハチョウ、コクワガタ、クロヤマアリのオスの交尾器は、A~F のそれぞれどれでしょう？

答えはこの本のどこかに解説されているので、探してほしい。

はじめに

物心ついたときから、昆虫や魚が好きだった。

「僕は昆虫の研究をしています」と言うと、子どもの頃からの夢を実現した人として「いいですね」「素敵ですね」と、うらやましがられることも多い。ところが、

「へー。昆虫のどんな研究をしているのですか？」

「昆虫の交尾の研究をしています」

「……」

「昆虫博士」が「昆虫交尾博士」になったとたんに、人々のリアクションが変わる。

「え、この人って……ヤバい人？」

研究テーマがテーマだけに、色眼鏡で見られてしまうのだ。しかし、多くの昆虫は僕らヒトと同様、オスとメスという二つの性で生きている。交尾なくしては絶滅してしまう。

また、昆虫は種数の点において地球上で最も繁栄している生物だ。その数、一〇〇〇万種とも言われる。当然、見た目がよく似た種類もたくさんいる。しかし、交尾器の進化はとても速いので、交尾器の形を見れば一目瞭然で見分けられることも多い。交尾器の研究は、昆虫の分類にも重要なのだ。

ではなぜ、交尾器の形の進化は速いのだろう？　疑問がわいてくるけれど、そんな難しいことを考えて交尾の研究を始めたわけではない。

さて、ここでクイズ。巻頭に並べたのは、身近な昆虫たち（クワガタ、アリ、セミ、チョウ、トンボ、カマキリ）のオスの交尾器写真だ。どれが誰の交尾器かわかるだろうか？　自信を持って全問正解できたなら、あなたも相当「ヤバい人」だ。

そう、身近な昆虫たちでも、その交尾器って見たことがない。そして、並べて見てみると、どれもが不思議な形をしている。くねったチューブ、左右非対称なトゲ、整然と並ぶノコギリの歯……。じつは僕は、昆虫の交尾器がもつ形の不思議に魅せられたのだ。

「何でこんな形をしているの？」——いつもそんな素朴な疑問から、試行錯誤の謎解きは始まった。そしてそのパズルは、「生き物にとって性とは何か、進化とは何か、そして、生きているとはどういうことか？」という、大きなテーマにつながっていた。

交尾器の不思議な形には、昆虫たちの驚きにあふれた進化の歴史が詰まっていた。その発見の過程をたどりながら、昆虫の交尾と交尾器の味わい深さや奥深さを、読者の皆さんにも感じてもらいたい。

目次

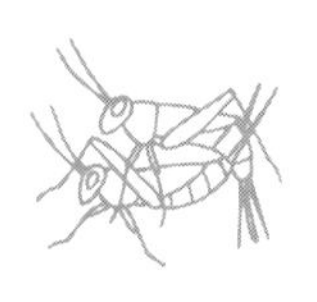

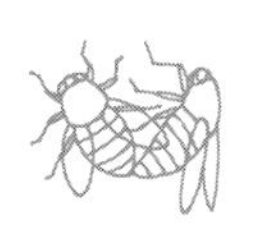

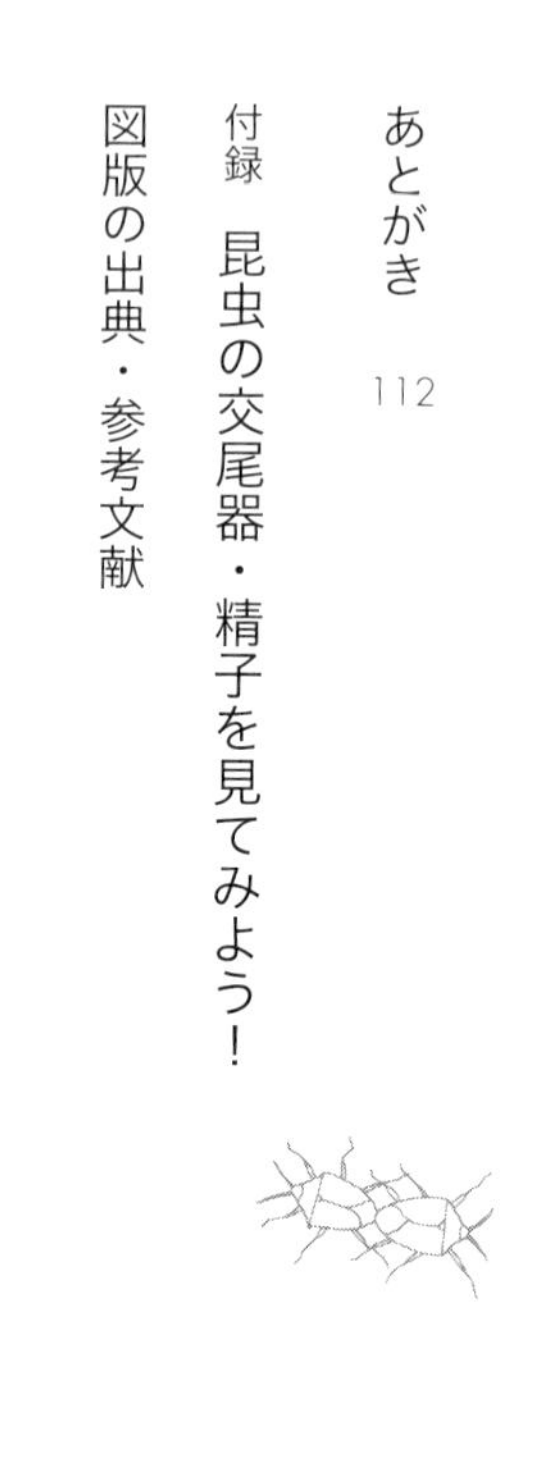

イラスト＝大片忠明

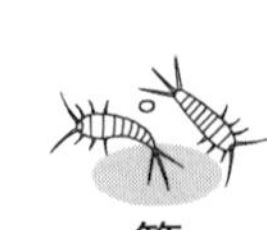

第1章　オスとは？　メスとは？　交尾とは？

僕はなぜオスなのか？

昆虫の交尾の不思議、交尾器の多様性の謎に迫るには、まず「オスとメスとは何か」を知る必要がある。じつは、案外これが難しい問題なのだ。

僕は大学で文系学部の学生を対象に、生物学の講義をしている。性の話をする時、お決まりの質問がある。男子学生に「自分はどうしてオスと呼ばれるの？」と、ぶつけてみるのだ。答えに窮したり、もじもじと小声で「ついているから……」などと反応は様々なのだが、正答が返ってくることは稀（まれ）だ。

「魚にもオスとメスがあるけど、オスの魚にはペニス、ないよね？」

多くの人は、「自分がメス（女）」または「自分がオス（男）」と認識をしている。しかし、そ

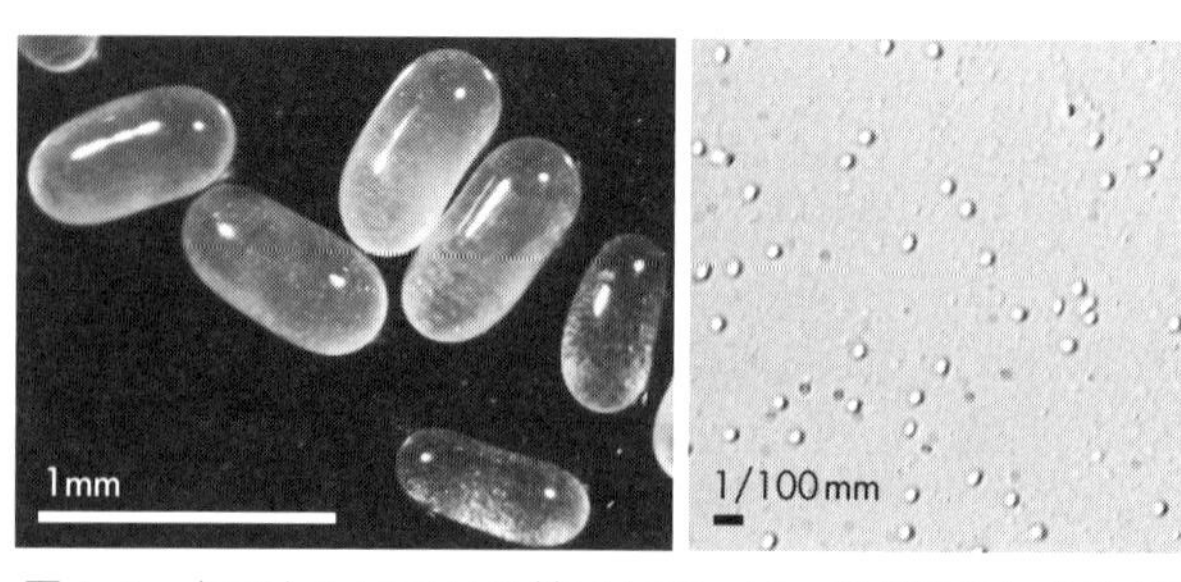

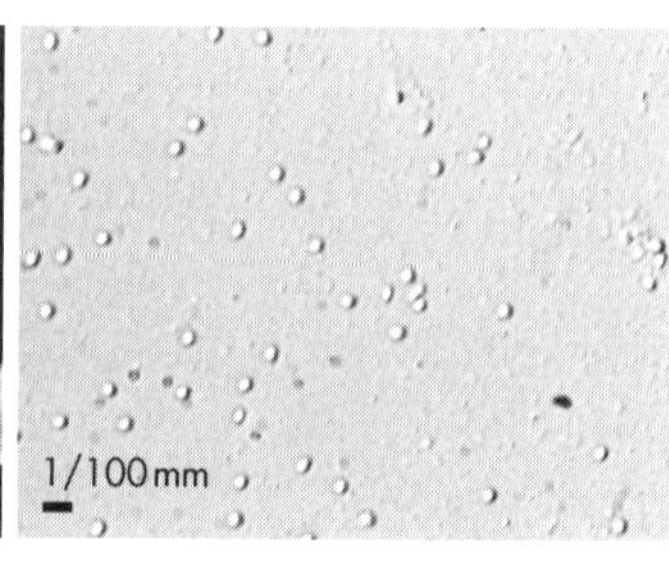

図1-1 ヤマトシロアリの精子と卵。どっちが卵かわかるだろうか？正解は、左。各写真のスケールに注目してほしい

の生物学における定義は意外と知られていない。

卵と精子という二つの細胞が出会い、新しい命が誕生する有性生殖。じつは、「卵を作る側をメス」「精子を作る側をオス」、と生物学では定義されている。

――だがそれならば、卵と精子の違いを説明できるだろうか？

「そんなの簡単、精子には鞭毛があって泳ぐことができる！」と答えたくなるが、鞭毛のない泳げない精子を作る動物もいる。昆虫では、多くのシロアリ類がその例だ。こうなると、卵と精子は単に大きさの違う細胞に見えてくる（**図1-1**）。

そう、この大きさの違いこそが、答えである。精子や卵といった次世代を作るための細胞を配偶子と呼ぶが、「大きな配偶子（卵）を作るのがメス、小さな配偶子（精子）を作るのがオス」なのである。

この至極単純な定義により、僕らは「オス」だったり

「メス」だったりするわけだ。ところがオスとメスでは、体のつくりや行動など、配偶子の大きさ以外にも様々な違いが見られるのが一般的だ。

カブトムシの場合を見てみよう。オスには立派な角が生えているので、外見ですぐに見分けられる。夏の宵、二匹を同じケースに入れてみる。オス同士なら角を使ってケンカが始まることはおなじみだが、オスとメスでは何が起きるだろう？

図 1-2　交尾器(エデアグス)を出し、メスに交尾しようとするカブトムシのオス。メスの背にそっとオスを載せるのが、カブトムシの交尾を観察するコツ

メスの存在を察知したオスは、早速、猛アタックを開始する。たいていメスは逃げ回る。やっとメスを捕まえることに成功するとオスの腹部の先からは交尾器が出てくるが、メスは後ろ脚でオスを蹴り、なかなか交尾成立には至らない(**図1-2**)。

オスは蹴られながらもメスの背にしがみつき、「ギュッギュッ」と音を出す。これは、オスが腹部を伸縮させて出す音だ。いくらオスがなだめるように鳴き続けたところで、メスが腹部先端を開いてくれない限り、交尾は成立しない。

こうなると観察者との根比べ。一時間以上も経ってから、急に交尾が始まることもある。オスが体を左右に激しくふるわせ、その交尾器がメスの体に隠れていくと、やがてあれほど暴れていたメスがピタッと動かなくなる。交尾は平均四〇分ほど続く。長めの交尾ではあるが、昆虫の世界ではもっともっと時間がかかる交尾もざらだ。

　このカブトムシの例から、オスが角を具えるだけでなく、メスよりも交尾に対して積極的であることがわかる。これは有性生殖を行う動物全般で見られる傾向だ。

　このような生殖腺（卵巣や精巣）や交尾器以外に見られる雌雄の違いは「性的二型」と呼ばれる。ヒトで言えば、身長、声の高さ、体毛の濃さなどに見られる男女差が、性的二型だ。

ダーウィンの悩み

　では、性的二型はなぜ進化するのだろう？　じつはこれ、かのダーウィンをも悩ませた謎なのだ。イギリスの博物学者チャールズ・ダーウィン（一八〇九～八二年）は、「自然淘汰による適応の進化」の理論を打ち立てた「進化論の父」としてよく知られている。

①同じ種類の生物であっても、様々な変異が見られる（変異）
②それは少なくともある程度は、遺伝することが多い（遺伝）

③その違いによって、生き残る確率や繁殖できる確率が変わる（淘汰）

この「変異」「遺伝」「淘汰」の三つが揃えば、生物の適応は勝手に進化する。ダーウィンが見抜いたのは、じつに単純で普遍的なメカニズムだ。遺伝子の実体がＤＮＡだとわかり、その構造が判明したのは、二〇世紀も中盤だ。その実体を知らぬままにこの本質を見抜いたのは、まさにダーウィンの慧眼だろう。

変異、遺伝、淘汰をもう少しわかりやすく言い換えるなら、「お酒に強い人と弱い人がいるが（変異）、それはかなり遺伝子の影響を受けている（遺伝）。日本の水がすべてお酒になったら、僕のような下戸は自分の遺伝子を子孫に伝える前に死んでしまうだろう（淘汰）。お酒に強い人ばかりになっていくはずだ（適応）」といったところだろうか。

このプロセスには、「僕は下戸だから、遺伝子を未来に伝えるべきではないな」といった配慮や意思は不要である。殺虫剤を撒けば、「たまたま」それが効きにくい変異を持った昆虫が、遺伝子を次代へ伝えていく。この時、昆虫に化学の知識が必要ないのと同じだ。

今日では、突然変異こそが進化の原材料「遺伝するバリエーション」の供給源だとわかっている。突然変異とは、ＤＮＡが複製を繰り返す過程で起きたエラーを修復できず、そこに記された遺伝情報が変わることである。

突然変異は、三〇億年もの進化の歴史を生き抜いてきた生物の設計図をでたらめに書き換えるので、ＤＮＡの持ち主の生存や繁殖に影響する場合、たいていは悪影響である。生き物は自分の望み通りに設計図を描けないし、一足飛びに思い通りの進化はできない存在だ。

ここで、性的二型の謎に立ち返ろう。たとえば、クワガタのオスの立派な大あご。オスは大あごが邪魔になり、狭い隙間に逃げ込むのが苦手だ。外敵（昆虫少年など）に捕まりやすい。それに、大きな大あごが外敵との戦いに役立つのであれば、メスの大あごが小さい理由を説明できない（じつは、産卵準備のために朽木（くちき）を掘るのに使われるメスの大あごにはさまれた方が、よっぽど痛いのだが……）。

インドクジャクのオスの立派な尾羽も同様だ。インドの森のなか、あんなに目立つ尾羽を引きずって歩くことは容易ではないだろう。このような生存に不利に見える武器や装飾が、通常はオスにだけ発達することに、ダーウィンは一時期頭を悩ませたという。

しかし、彼の見抜いた適応進化の原理を思い出してみよう。単に生き残っただけでは子孫に遺伝子は伝わらない。逆に、たとえ多少生存率が下がっても、それを補う以上に繁殖成功を高めるような性質は、進化しうる。すなわち、武器は配偶相手を巡る争いに、派手な装飾は配偶相手を惹きつけるのに役立つと考えられる。

でもなぜ、互いに争い、積極的に異性にアピールするのは、いつもオスなのだろう？

通常、オスは（相手さえ見つかれば）次々と交尾することができ、たくさんの子を残せる。一方、メスはつがい相手が増えたとしても、子の数が比例的に増えていくとは考えにくい。真偽のほどは定かではないが、昔ある国の皇帝が一〇〇〇人の子を残したと伝えられている。このように男性の場合はたくさんの妻を持てば「あり得る話」でも、女性では生物学的に到底不可能である。

昆虫も同様。オスは通常一回の交尾で、メスが一生に産む卵をすべて受精しても余りあるほどの大量の精子を渡す。詳しくは後述するが、じつはメスはもらった精子を貯蔵できるので、追加で交尾する必要性は低い。

一部の選ばれしオスは、たくさんの子を残し得る。これが、動物全般においてオスは「交尾に積極的で、メスを巡って争う側の性」、メスは「交尾により消極的で、言い寄る相手を吟味する側の性」となる主因である。このような、異性を、または異性の配偶子をめぐる淘汰を「性淘汰」と呼んでいる。

つまり、交尾をめぐってのオスとメスとの思惑はなかなか一致しない。これは「性的対立」と呼ばれ、これから見ていくように、性をめぐる様々な進化の原動力になっている。

カブトムシの角がオスにしかないわけも、メスが逃げ回り、オスを蹴とばす理由も、このあたりにありそうだ。

精子はメスに居候(いそうろう)——ご先祖様の性生活

オスとメス、その様々な違いを生み出す根源は、先述したように、「精子は小さい、卵は大きい」という単純な事実にたどれるようだ。しかし、この二種類の配偶子の出会いに、交尾は必須ではない。多くの魚では、水中にメスが放卵、オスが放精し、受精が起きる。このような体外受精を行う動物は、交尾とは無縁だ。

一方、陸上に生きる動物は、精子を乾燥から守るためにメスの体内へと直接渡す、あるいは精子をパッケージにくるんだ状態でメスに渡す必要がある。陸の生物多様性の王者、昆虫もその例外ではない（ただし、クジラや巻貝などは水中で交尾するので、交尾は陸生動物の専売特許というわけではない）。

昆虫類（外顎類(がいがく)という狭義の昆虫類）は約四億四〇〇〇万年前にこの地球上に誕生したとされているが、そのご先祖様はどのような性生活を送っていたのだろうか？　最も原始的な姿を今に留めているとされるのが、苔むした森の住人・イシノミ類、続いて古書などの害虫となるシミ類である（**図1-3**①②）。

彼らの大部分は、交尾を行わない。オスは糸を張り、その上に精子の入った「精包(せいほう)」と呼ばれるパッケージを用意する。続いて、複雑な求愛ダンスでメスを精包へと導く。つまり、精子の授受は間接的であり、これが昆虫の最も古いやり方だと考えられる（**図1-3③**）。あなたの部屋の本棚の片隅でも、こんな営みが行われているかもしれない。

続いて約四億年前、昆虫は翅（はね）を持ち、空へと進出した。幼虫時代を淡水中で過ごすカゲロウ類は、「翅を持つ昆虫のなかで、最も原始的な姿をとどめている」とされる。直接交尾するという大変革を起こしたのは、彼らである（**図1-4**）。

図1-3　①ヤマトイシノミ　②シミの一種（マレーシア産）　③マダラシミが精包を渡す行動

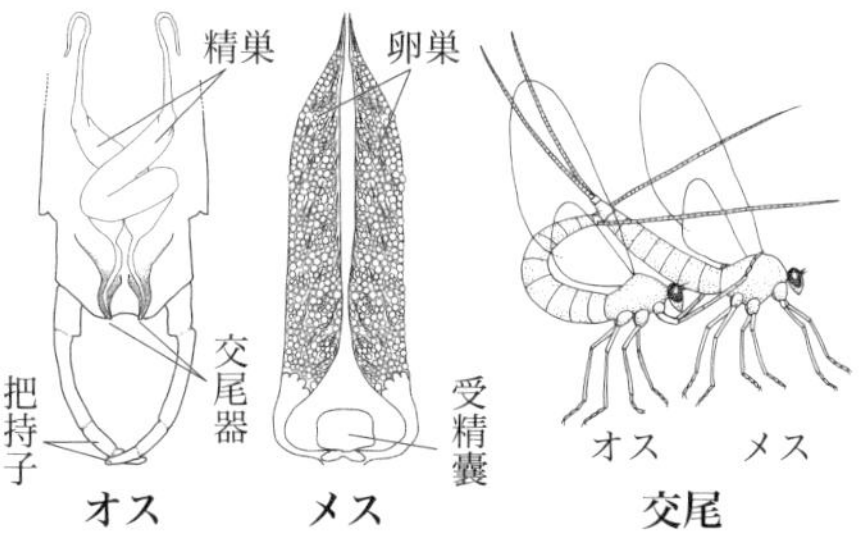

図1-4　カゲロウの交尾器と内部生殖器、交尾姿勢

オスが精子を出す生殖口も、それを包む交尾器も、共に左右一対なのが特徴だ。では、オスからメスに渡された精子はどうなるのだろう？　すぐに卵を受精させるべく、卵巣に向かうのだろうか？

——いや、そうではない。じつは昆虫のメスは、オスからもらった精子を貯めておく袋を持っている。この袋の数、形、そして呼び名は、昆虫のグループごとに異なるが、「受精嚢（のう）」と呼ばれることが多い。メスは産卵直前に、ここに貯めておいた精子で卵を受精するのだ。

カブトムシのメスは、樹液の酒場で縄張りを張っていたオスと交尾をすると、地面にある腐葉土の中に移動してから産卵する。「交尾」と「産卵」という二大繁殖イベントを、空間的にも時間的にも分けることができるのは、受精嚢のおかげだ。もしも海底火山の噴火で新しい島が生まれたときに、精子を持ったメスが一個体でも侵入すれば、新しい集団の創設者になることも可能なのだ。

この精子を「貯める」ということが、交尾器の進化の原動力になることについては、後ほど詳しく見ていきたい。

上か下か？　多様な交尾姿勢

カゲロウが進化させた「交尾」。それは現生のすべての昆虫たちに継承されている。しかし、その交尾の「やり方」は多様化の一途をたどった。たとえばカブトムシではオスがメスの上になって交尾をするが、どの昆虫もこれと同じような交尾なのだろうか？

大きめのペットショップでは、爬虫類の餌用にフタホシコオロギを売っている。比較的簡単に交尾してくれるので、その様子を見てみよう（巻末の付録も参照）。

コオロギの鳴き声は、オスからメスへのラブソング。「リッリッリッ」と力強く鳴いていたオスも、メスがそばに来れば「チッチッチッ」と優しくささやくような声に変え、メスに向けて翅を震わす。メスがこの求愛を受け入れると、メスはオスの背後から背中に乗る。——そう、コオロギやキリギリスの仲間（直翅類と呼ばれる）の交尾は、じつは多くの場合、メスが上の姿勢で行われるのだ（図1–5）。

メスが背中の適当な位置まで登ってくると、オスは交尾器のフック状構造でメスの腹端を引っ掛けて自分の体にグイッと引き寄せる。これが次の刺激となり、メスは小さなペニス様の突起をオスへと押し当て、精子の詰まった精包を受け取る。

精包の細～いチューブ（直径が一㎜の二〇〇分の一程度）は、メスの受精嚢へと続く回廊に刺さる。さらに、精包にはネバネバした物質をまとった接着板があり、メスの産卵管の根元にピタッと貼りつけられる。なんとこの接着板のカーブ具合が、メスの産卵管の根元にちょうど沿うように作られているから、念がいっている。

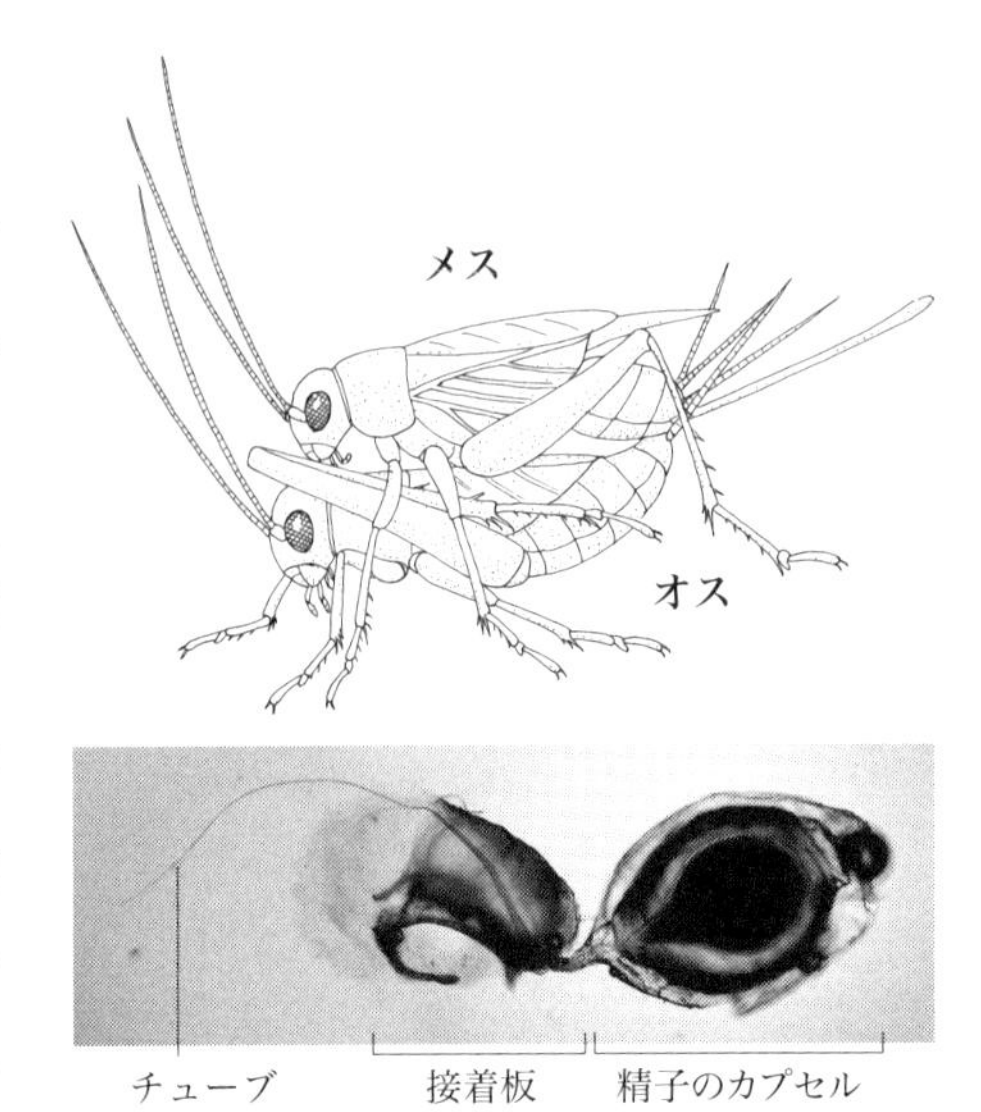

図1–5　コオロギの交尾と、オスからメスに渡される精包（フタホシコオロギのもの）

見事な連鎖反応、素晴らしい形の対応だが、カブトムシの交尾とはまったく違うことがおわかりいただけただろう。このコオロギの「メスが上に乗る」という交尾姿勢は、カゲロウから継承される、昆虫の最も原始的な交尾姿勢だと考えられている。

バッタもコオロギと同じ直翅類の一員だ。ところがバッタの交尾は、一見メスの上にオスが乗っかった「カブトムシタイプ」に見える。でもよく見ると、オスの腹部はS字を描き、その先端はメスの下側からかみ合っているのだ。四億年の進化の時間のなか、昆虫の交尾姿勢はグループごとに多様化したが、「オスの交尾器の腹側は、メスの交尾器の背中側にかみ合う」という原則は、多くのグループで維持されているのが、おもしろい（**図1–6**）。

なお、コオロギの多くの種類では、交尾後にメスが精包を食べてしまう。オスにとっては、

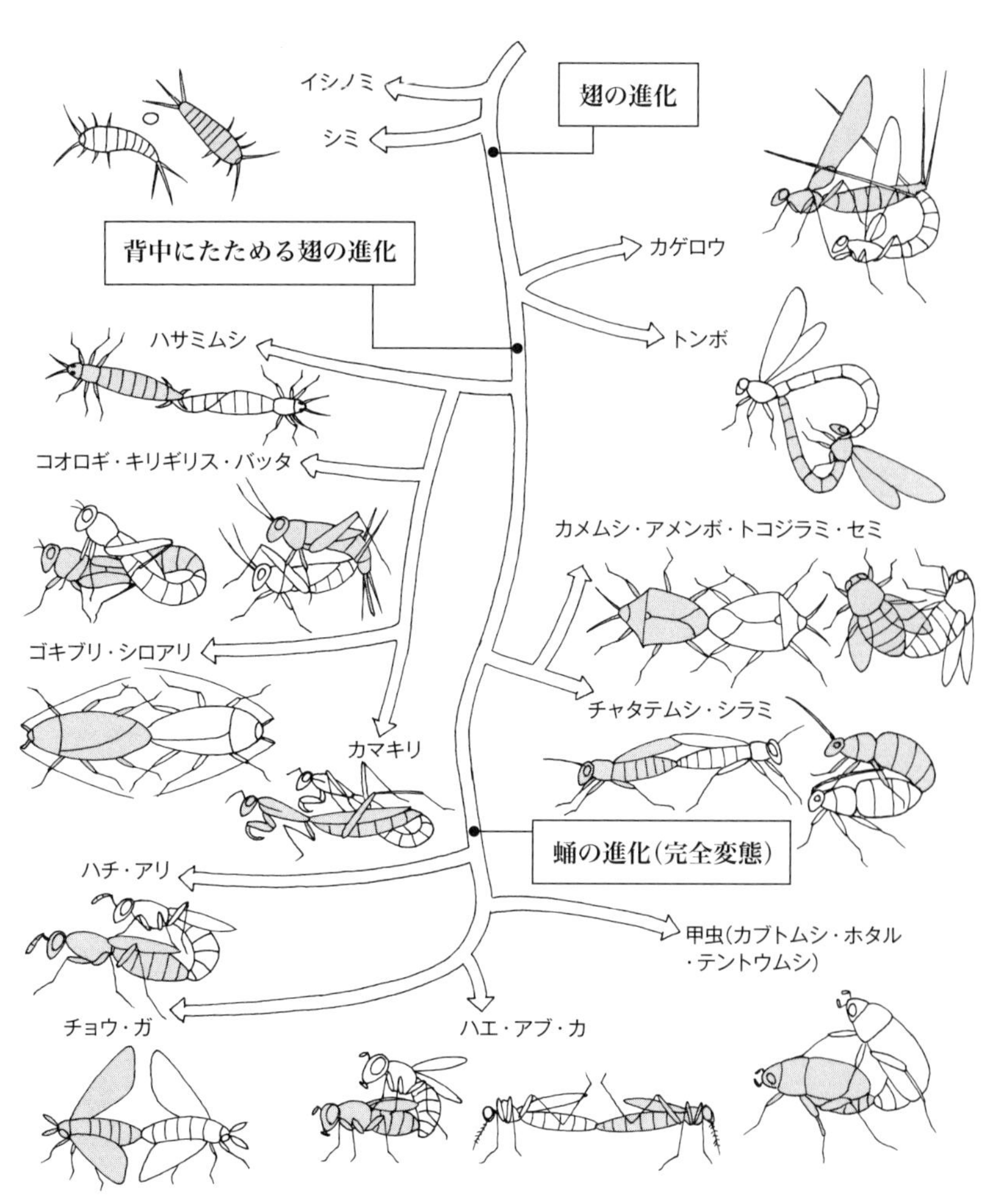

図1-6 昆虫の主なグループの系統関係と、その交尾姿勢。灰色がメス(交尾姿勢は各グループで一般的なものを示す)

図1-7　大きく、食べごたえのある精包(矢印)をつけたササキリのメス

精子がメスの受精嚢に移動する前に食べられてしまっては大変だ。オスが交尾後もそばにつき添い、メスをなだめるように鳴きながら時間を稼ぐ種類もいる。オスも何かと大変なのだ。

時間稼ぎといえば、キリギリスの精包には栄養に富んだネバネバのゼリーがついている(図1-7)。メスがこれを夢中で食べている間に、精子は精包のカプセルからメスの体内へと移動していく。このような栄養物質を求めてメスが何度も交尾をするからか、直翅類の受精嚢は大きく柔軟で、多数の精子を収容できる。

どうやら交尾姿勢も、交尾器の構造も、昆虫のグループごとに驚くほど多様化しているようだ。では、同じグループの昆虫の間ではどうなのだろうか?

一〇〇〇万種のオンリーワン——多様すぎる交尾器

昆虫は、とにかく種類が多い。学名が与えられ報告されているだけでも一〇〇万種以上、未発見のものまで含めれば一〇〇〇万種という推定すらあり、地球上のすべての生物種の半分を昆虫が占めていることになる。なかでも甲虫類はずば抜けての大所帯で、外見上そっくりな種類もたくさんいる。ならば、分類学者はどのように種を見分けているのだろう？

図1–8を見てほしい。シロテンハナムグリ（以下、シロテン）とシラホシハナムグリ（以下、シラホシ）は樹液に集まるコガネムシの仲間で、昆虫少年にはおなじみだ。名前も似ているが、外見もそっくり。しかし、オスの交尾器を観察してみると……一目瞭然、シロテンの方が断然大きく、形もS字を描いているではないか。

図1–8に示したのは、交尾器の「エデアグス（aedeagus）」と呼ばれる部分だ。多くの昆虫のオス交尾器にはエデアグスがあり、通常、メスに挿入して精子を渡すために筒状の構造をしている。つまり、哺乳類のペニスにあたる働きをする部分と考えてもらえばいい。

カブトムシ、テントウムシ、ホタルなど、硬い前翅（まえばね）で腹部をすっぽりと覆った「甲虫」と呼ばれる昆虫たちの一群は、みなエデアグスを持っている

J字
小さい
逆S字
大きい
シラホシ
シロテン

図1–8　交尾器を見ないと見分けが難しい、そっくりな２種。シロテンハナムグリとシラホシハナムグリ

（図1－9）。だが、同様の機能を持つ部分が別の昆虫のグループでは「ペニス」と呼ばれたり「ファルス」と呼ばれたりしていて、ややこしい。

ここで紹介した二種に限らず、生物全般において交尾器の進化は速い。「形」のなかでは最も変化が速いと考えられているので、「交尾器を見ない限り、種を見分けられない」という状況がよくある。交尾器の精査は、昆虫の名前を知り、分類を行うのに欠かせない作業なのだ。特に最近の甲虫の分類では、エデアグスの中身までもコッテリと調べる研究が大流行している（本章末のコラム参照）。

それにしても……一〇〇〇万種にも達すると目される昆虫たちが、それぞれオンリーワンの交尾器を持っている！　それだけでも、驚くべきことではないか。

そこまでするか！　ゲニタリ屋

カブトムシは体も大きいが、エデアグスも大きい。交尾中、このエデアグスの中から白く柔らかい袋が現れる。この袋は「内袋（ないたい）」と呼ばれている。ゴミ箱にあらかじめビニール袋をセットしておくことがあるが、ちょうどそのイメージだ。ただ、内袋には精子や精液の通り道があり（＝袋の底が抜けている）、エデアグスと一体化している（＝

袋の口とゴミ箱の口は接着されている）。この袋が、交尾中に裏返しに反転して、エデアグスから顔を出すのである。

内袋は多くの甲虫が持ち、その大きさや形は種ごとに様々（図1-9）。突起やトゲ、

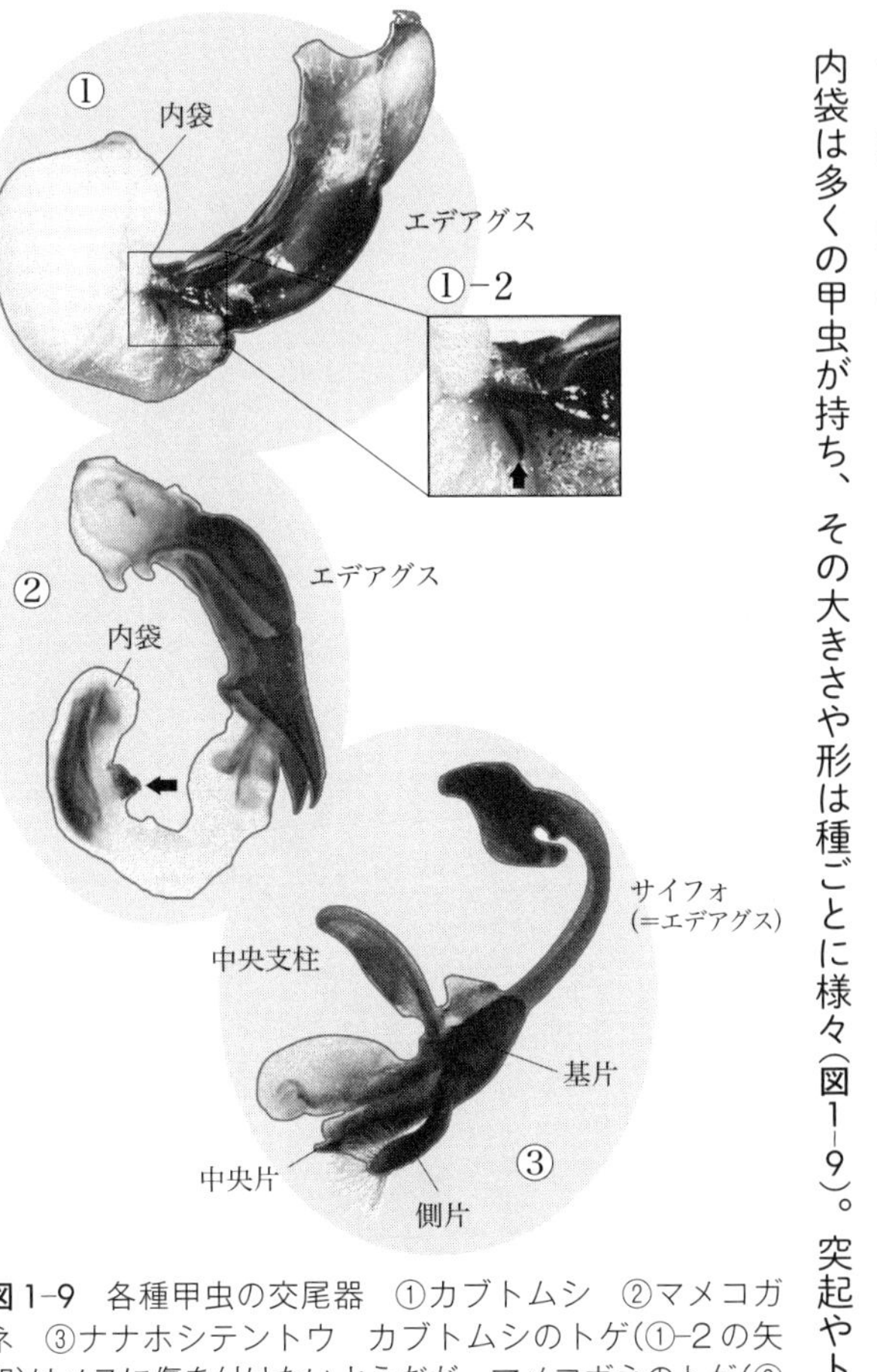

図1-9　各種甲虫の交尾器　①カブトムシ　②マメコガネ　③ナナホシテントウ　カブトムシのトゲ（①-2の矢印）はメスに傷を付けないようだが、マメコガネのトゲ（②の矢印）は傷をつける（上村・未発表データ）

精子をさらに奥深くへと渡すための細いチューブなどが付属していることもある。

たとえば冒頭の**クイズAの答え、コクワガタ**では、精子を通す細いチューブが先端に付属しているが、カブトムシの場合は鋭い一本のトゲが目立つ。カブトムシのこのトゲはまるで「提灯(ちょうちん)の骨」のように柔らかい内袋を支え、その「提灯」の中で巨大な精包が形成される。精包はメスに渡され、体内で消化される。カブトムシの四〇分にも及ぶ交尾時間の大半は、このメスへの「お弁当」作りに費やされているようだ。

近年、エデアグスのつけ根から、空気やワセリンを注射器や自分の口(!)で吹き込んで、内袋を紙風船よろしく膨らませて観察するテクニックが甲虫分類学者の間で大流行している。「内袋を調べてみたら、今まで一種類だと思っていた甲虫に二種類が混じっていた!」という発見が相次いでいるからだ。

昆虫の分類に携わる多くの研究者は交尾器(ゲニタリア:genitalia)をつぶさに観察する「ゲニタリ屋」なのだが、自分の息で虫のエデアグスを膨らませている姿を人が見たならば、ドン引きされることは間違いない。

第2章　交尾をめぐる飽くなき攻防

第1章では交尾器の多様性について述べたが、謎はたくさん残されている。なぜそんなに多様なのか？ なぜ交尾器の進化は速いのか？ 本章では、奥深い昆虫交尾器の世界からトピックスを拾いつつ、その多様化の謎に迫ってみよう。

大進化！ オスたちの戦略——精子を掻き出すトンボ

昆虫のメスは交尾の際にオスからもらった精子を貯めておき、産卵の際に使用する。つまり、交尾と卵が受精する間にはタイムラグがあることはすでに述べた。では、もしメスが複数のオスと次々に交尾をしたら、何が起きるのだろう？

そう、精子たちは受精をめぐる競争関係におかれることになる。オスからみれば、せっかく交尾して精子を渡したのにその一部しか卵の受精に使用してもらえず、残りは他のオス

(の精子)に持っていかれてしまう……という事態が起きる。これが「精子競争」だ。このような状況では、なるべく自分の精子を使ってもらうような適応が、オスに進化するはずである。**図2-1**を見てほしい。カワトンボ類のオスの交尾器は、物騒にもトゲだらけ！　じつは多くの種類のトンボのオスは交尾の前半、トゲだらけの交尾器で、ライバルのオスに由来する精子をメスの受精嚢(のう)から掻(か)き出すのである。そしてその後に、自分の精子をメスに渡す。こ

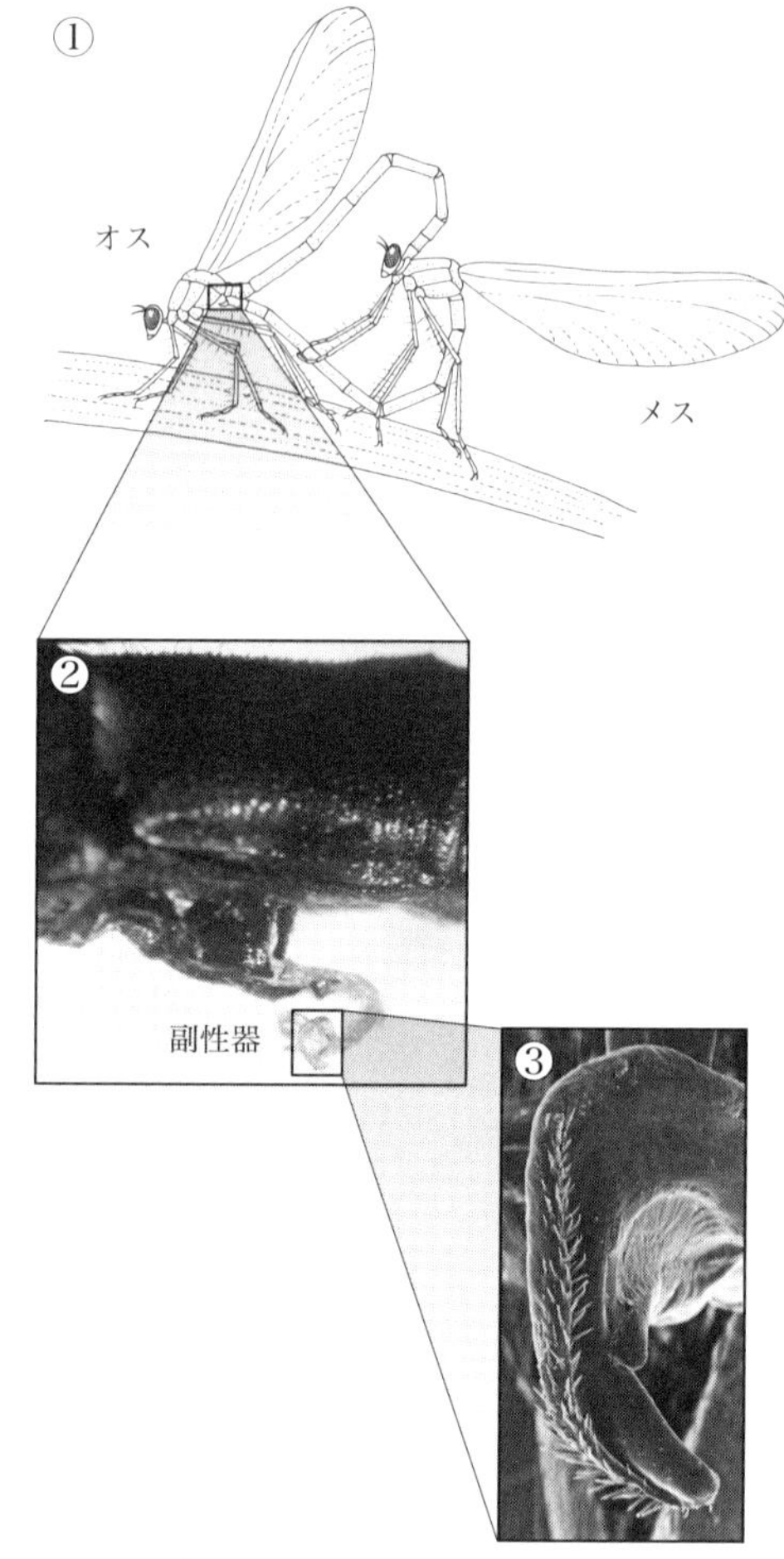

図2-1　①ハグロトンボの交尾　②オス副性器の拡大写真　③ライバルオスの精子を掻き出すためのするどいトゲが並ぶ

れは精子競争に勝つための「攻め」の適応とみることができる。

また、夏の水辺で、秋の空で、二匹のトンボがつながって飛んでいく姿を皆さんも見たことがあるだろう。これは、自分がせっかく渡した精子を他のオスに掻き出されないよう、オスが交尾後のメスの頭をつかんで飛んでいるのだ。トンボの多くの種で、オスはメスが産卵するまで見張る。これは「交尾後ガード」と呼ばれ、精子競争に対する「守り」の進化だ。

トンボ類はカゲロウと共に、とても原始的な姿をとどめた昆虫だ(図1-6)。彼らの翅(はね)は古いタイプなので「パタパタ」と上げ下げはできるが、カブトムシのように「たたむ」という動きはできない。にもかかわらず、前翅(まえばね)・後翅(うしろばね)を別個の筋肉で自在に操る能力を進化させたトンボ類は、最も器用に空中を利用する昆虫と言える。じつはこのトンボ類、交尾でも大変革をやってのけた。まったく新しい交尾器を作り、昆虫界の「常識」を破ったのだ！

メスは昆虫の常識に従い(?)、卵の出口はあの細長い腹部の先端付近にある。ところがオスの方はというと、腹部のつけ根に「副性器」と呼ばれる二次的な交尾器を進化させている。冒頭の**クイズBはオニヤンマ**の副性器だが、オスはまず腹端から出てきた精子を副性器に移しておき、メスと交尾する。メスの腹端の交尾器とオスの副性器がかみ合い、オスは腹端でメスの頭部を把握するので、トンボは特有のハート形の交尾姿勢となる(図2-1①)。

生物の体に今までになかった新しい構造や性質が誕生することは、「進化的新奇性」と呼ばれている。トンボのオスの副性器は、まさにそのような進化的新奇性の例である。

ワインの栓を抜くように――「掻き出しへの対抗」に対抗するジャコウアゲハ

さて、トンボの交尾後ガードでは、オス自らがメスを見張っていた。だがその間、オスも別のメスと交尾するチャンスが奪われているとも言える。

チョウの仲間、特にアゲハチョウの仲間には、もっとスマートな手段を進化させた種類がいる。それは「交尾栓」。驚くべきことに、オスは精子を渡すと同時に、分泌物でメスの交尾口を塞いでしまうのだ！ ウスバシロチョウやギフチョウの交尾栓は巨大で強固に付着しているので、そう簡単には外れそうにない（図2-2）。

しかし、このような「貞操帯」はトンボでは進化し得ないだろう。トンボを含む多くの昆虫のメスでは、精子が入ってくる「入り口」は受精した卵が体の外に出ていく「出口」を兼ねている。つまり、巨大な交尾栓をつけられたメスは、産卵できなくなる可能性が高いのだ。

ではなぜ、チョウでは可能なのだろう？ じつはチョウや多くのガの仲間は原則に反して、この二つの出入り口が別になっている（その特徴から「二門類」と呼ばれている）。交尾口から渡された精子（通常、パッケージされ、精包として渡される）は、その奥の交尾嚢で消化され、精子だけが「特別なバイパス」を通って、貯精嚢（他の昆虫での受精嚢に相当する機能を持つ）へと移動する。同様な進化は、一部のセミ類でも生じているそうだ。

冒頭の**クイズEの答えはアゲハチョウ(ナミアゲハ)**。チョウやガのオス交尾器では「バルバ」と呼ばれる把握器が発達していて、交尾器自体が翅を広げたチョウのように見える。このバルバで、メスの交尾器を左右からギュッと把握する。ウスバシロチョウのあの見事な交尾栓も、バルバを鋳型にしてオスの粘液が固まり、ちょうど鯛焼きのごとく形成されるようだ。

河原などでよく見かけるジャコウアゲハの交尾栓も強固で、人間の力でも容易には外れない。では、このメスが二度と再び交尾することができなくなるかというと……さにあらず。

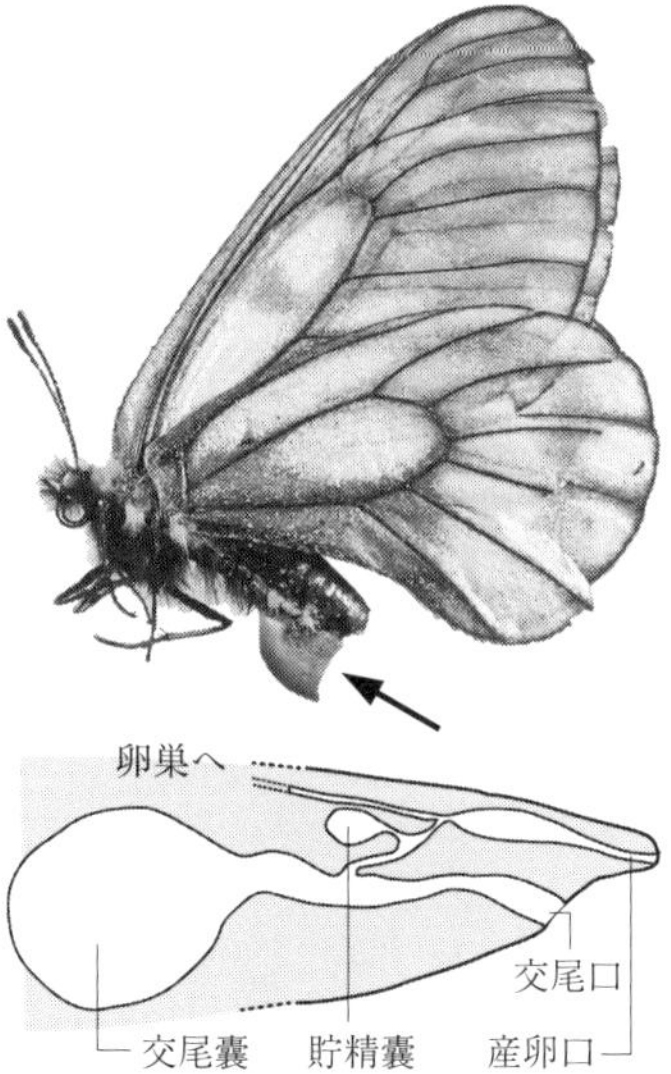

図2-3を見てほしい。オスの交尾器は左右非対称にねじれており、まるでワインのコルク栓を抜く道具のような形をしている。ジャコウアゲハのオスはこの「栓抜き」のような交尾器を使い、先に交尾した別のオスの交尾栓をスポンと抜いてしまうと考えられている。交尾栓vs

図2-2　ウスバシロチョウのメスにつけられた巨大な交尾栓(矢印)と、二門類のメス交尾器の略図

コルク抜き。これも、精子競争に対する「守り」と「攻め」の適応である。

また、チョウやガの仲間は総じて「鱗翅類」とも呼ばれるが、彼らの繁殖には、もうひとつの大きな特徴がある。それは、二種類の精子が作られることだ。通常の核をもった精子の束のほかに、単独の無核精子がつくられる（図2-4）。無核精子はオス親の遺伝子を持たず、当然受精にはあずからない。にもかかわらず、なぜこんなものがつくられるのか？

多くのチョウのメスは、交尾嚢が膨れた状態では別のオスと交尾をしない。そこでオスは、無核精子という「安上がりな詰め物でかさ増し」して、メスの浮気を防いでいるのでは？という考え方が有力視されている。もしそれが本当なら、交尾栓を形成する種類であれば、無核精子はオスにとって二重の守りとなるだろう。

ところで、チョウの飼育・繁殖マニアに伝わる「ハンドペアリング」という奥義があるのをご存知だろうか？　一方の手にオスチョウ、反対の手にメスチョウを持ち、両者の腹部の先端を押しつけるようにして交尾を誘導するのである。うまくいけば、オスのバルバがメスの腹端を探るように開閉を始め、首尾よく挟み込めば交尾が成立する。

だが、ここで新たな疑問がわいてくる。「交尾の成立」をオスはどうやって知るのだろうか？　――じつは、アゲハチョウのオスは「お尻にも眼がある」のだ！

オスの交尾器には光を感じる細胞があり、雌雄の交尾器がしっかりかみ合うと暗くなる、という変化をお尻で感じることができるのだ。明らかにはなっていないが、きっと同様なメカニズムや感覚毛が、他の昆虫の交尾の成立でも重要な働きをしていると思われる。

　ところで余談になるのだが、カイコガは家畜化される過程で、交尾にかかわる重要な行動を失ってしまったことも、ここで紹介しておこう。驚くべきことに……彼らは「自分たちで交尾を終了できなくなってしまった！」のである。

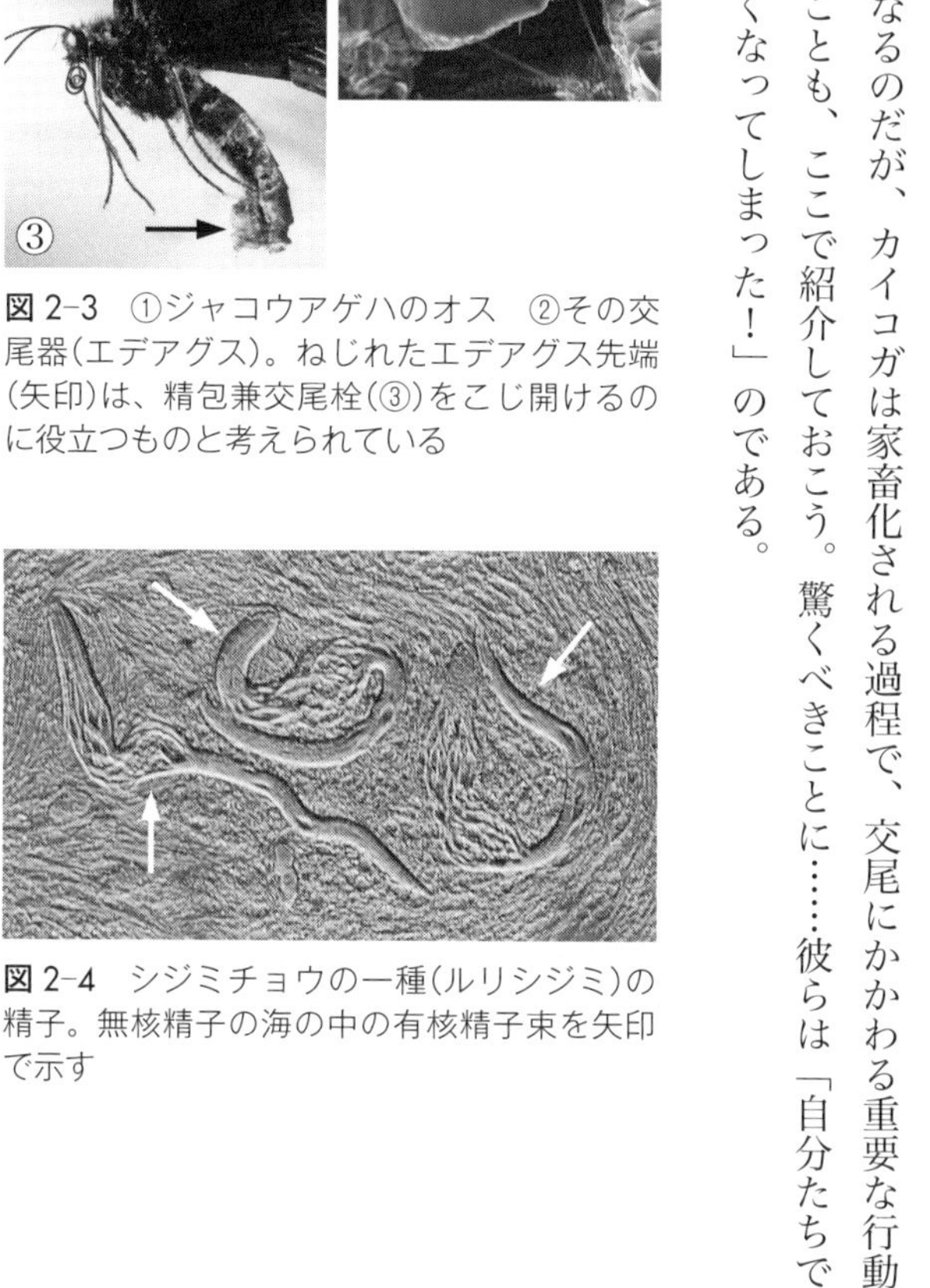

図 2-3　①ジャコウアゲハのオス　②その交尾器（エデアグス）。ねじれたエデアグス先端（矢印）は、精包兼交尾栓（③）をこじ開けるのに役立つものと考えられている

図 2-4　シジミチョウの一種（ルリシジミ）の精子。無核精子の海の中の有核精子束を矢印で示す

昔から、養蚕(ようさん)農家は彼らの交尾終了を待たず、「ブチッ」と雌雄の間をまさに物理的に引き離してきた。この「ブチッ」の歴史がとても長かったがために、哀れにもカイコガは適切なタイミングで交尾を終了する能力を失ってしまったらしい。

なお、この雌雄を離す作業を、業界用語で「割愛(かつあい)」と呼んでいることも、申し添えておく。

自分をプレゼント?——カマキリの交尾

カマキリの性的共食いは有名だ。交尾の際、メスがオスを食べてしまうのである。オスは頭を食われることでより交尾が活発となり、多くの精子が渡されるという古い報告がある。これは脳の神経支配から解放されるためと解釈されているが、逆に言えば、オスは通常、メスに渡す精子の量やタイミングをコントロールしていると言えるだろう。

最近、メスに食べられたオスの体の栄養分が、そのメスが作る卵にとりこまれていることが確認された。つまり、オスは「死して自分の子の栄養」となるのだ。しかし、メスが複数のオスとつがうことがあるカマキリにおいては、「死して他人の子の栄養」とされてしまう場合もある。これは、切ない。

だが、狭い虫かご内では頻繁に起こる性的共食いも、逃げ場の多い野外では三〇%ほどの頻度でしか起きないという報告もある。実際に観察してみると、オスは注意深くメスに近寄って飛び乗ると、素早く交尾器をかみ合わせる。ここでモタモタしていたら危険なのだろう。交尾自体は数時間に及ぶことがあるが、終了すれば一目散に逃げていく。自ら進んで身を捧げるような交尾ではないのである。

カマキリの交尾姿勢はバッタと同じく、「オスが上のように見えて、じつは交尾器はメスが上」というパターンだ。冒頭の**クイズCの正解はオオカマキリ**。オスの交尾器は複数のパーツからなり、左右非対称であることがわかる。

その機能が、最近報告された。オスは常にメスの右側から交尾を挑み、この左右非対称な交尾器パーツの分業によって、メスの産卵管を素早くこじ開けて交尾を開始するそうだ。

交尾器は、その虫の生き様をも映し出す。これは、すんなりと交尾を成立させたいカマキリらしい交尾器と言えるだろう。

「死ぬほど」好き！——ミツバチの交尾

このように、カマキリのオスはメスに食べられないよう必死で交尾しているようだ。だが、文字通り「必死」の交尾をする昆虫もいる。ミツバチである。

ハチやアリの仲間（膜翅類）の特徴に、「雌雄の産み分け」がある。精子で受精された子はメス、未受精卵として産卵された子はオスとなり、母親は受精嚢の入り口の筋肉を動かすこと

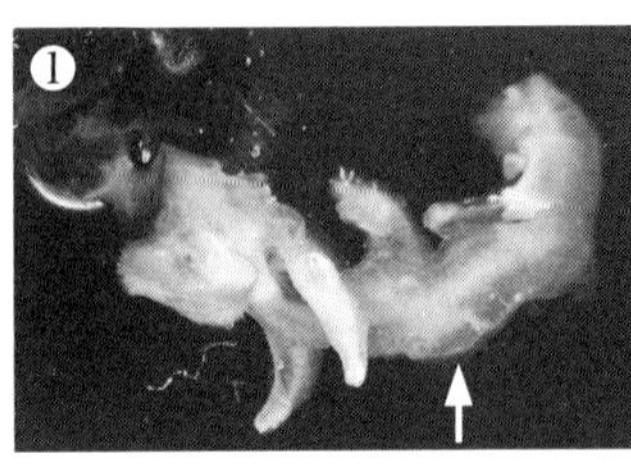

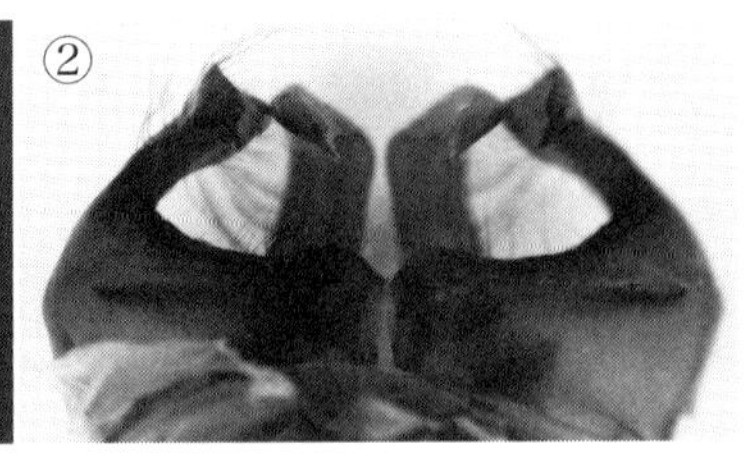

図 2-5　①柔軟なセイヨウミツバチのオス交尾器。矢印の部分から切れる　②キムネクマバチの凶暴な見た目のオス交尾器

で、自在に子の性を産み分けることができるのだ。そして、不妊のワーカー（＝働きアリや働きバチ）を持つハチやアリの仲間では、ワーカーはすべてメスなのである。

ミツバチの女王は生涯にわたって数万匹の子を産むが、その大部分は働きバチ（＝メス）だ。つまり、膨大な量の精子が必要になる。とても一匹のオスでは足りないのか、セイヨウミツバチ（ヨウシュミツバチ）では、新女王は最大で一七匹ものオスと交尾してから巣作りを始めるという。

そしてその交尾で、オスは手持ちの精子のすべてを新女王に渡すと同時に、交尾器の柔らかい部分が破れてショック死してしまうのである。ミツバチのオス交尾器は、クマバチなど何度も交尾できる種類に比べて、軟弱そのもの（図2-5）。まさに「一回きり、使い捨て」のデザインになっていることがわかる。

少し話はそれるが、ハチ・アリ類のメス交尾器は、比較的単純なものが多い。また、植物に産卵する原始的なグループでは、産卵管が発達している。ハチの毒針は産卵管が変化したものなので、「刺すのはメスだけ」ということになる。

やはり、サイズは問題なのだ

夫が妻よりも身長が低い状況をあらわす「ノミの夫婦」という言葉がある。実際、多くの種類のノミではオスの方がずっと小さいのだが、オスは非常に長い交尾器を持つので、体格の違いで交尾に困ることはないだろう（図2−6）。それよりも問題なのは、同じ種類のオスでも、体の小さなものや大きなものがいる場合である。

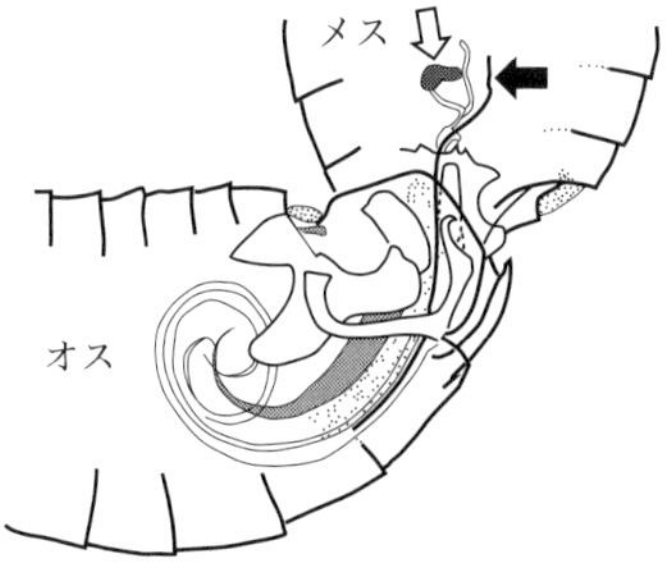

図2−6　ノミの交尾。オスはらせん状に巻いた複雑な交尾器を持ち、少なくともその一部（黒矢印）はメスに挿入される。しかし、この観察例では、メスの受精嚢（白矢印）には直接挿入されておらず、その理由は謎だ

たとえばカブトムシやクワガタムシは、幼虫期の餌条件によって成虫の体格が大きく変わる。にもかかわらず、交尾器のサイズはあまり変わらない。体長が二倍にも異なることがザラな彼らだが、交尾器のサイズの違いは二倍以下に抑えられている（図2−7）。

「大きな体のオスは、体の割には小さめな交尾器を持つ」。このルールは「負のアロメトリー（相対成長）」と呼ばれ、多くの昆虫で確かめ

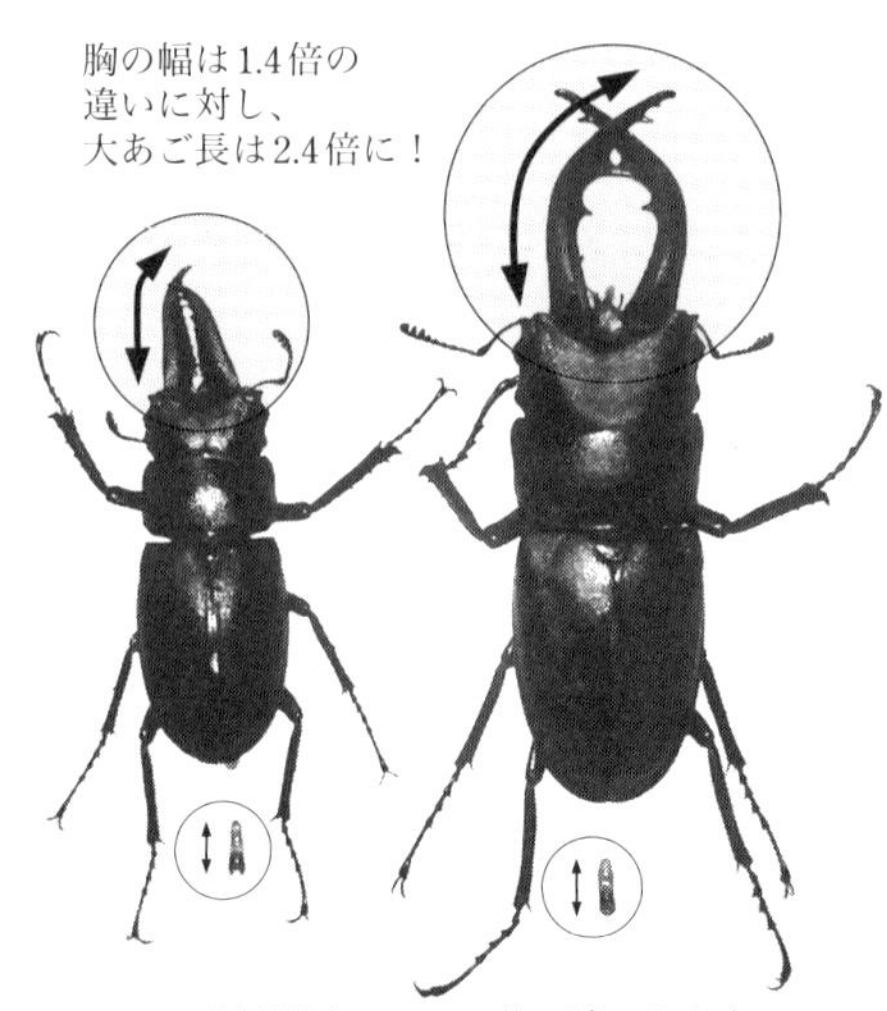

胸の幅は1.4倍の
違いに対し、
大あご長は2.4倍に！
しかし、交尾器長には1.05倍の違いしかない

図 2–7　ノコギリクワガタの2匹のオスの大あごと交尾器の長さ。同じ繁殖に関わる形質でも、その体サイズとの関係（アロメトリー）はまったく異なり、交尾器のバリエーションは小さく抑えられていることがわかる

られている。研究例は少ないが、メスの交尾器のパーツも同様に、サイズのバリエーションが低く抑えられていることが多い。

これにはどのような意義があるのだろうか？

「オスとメスの交尾器は、うまくかみ合わなければ交尾が成立しないのだから、サイズに大きなバリエーションがあったら困るでしょ？」――勘の良い方はそう指摘するだろうが、これが意外と難問であることは、第5章で詳しく考えていきたい。

いずれにせよ「種間では交尾器の形やサイズは顕著に異なるのに、同種内ではあまり変異がない」。これが、交尾器の形の進化のおもしろさであるとともに、昆虫（および、交尾を行うその他の多くの動物）の分類に、交尾器が重宝される理由である。

ちなみに、オス同士の闘争に用いられる武器は交尾器とはまったく逆のパターンを示すことが多い。体の大きなオスほど、相対的に大きな武器を持つのである（図2-7）。小さいオスは、ケンカに挑んでも負ける可能性が高い。ならば限られたエネルギーを武器以外に投資した方が良いだろう。実際、日本のカブトムシでは、体が小さなオスは角（つの）がとても小さい代わりに後翅は大きく立派に発達していて、機動力で勝負している戦略がうかがわれる。

昆虫少年たちに伝承される話として、「夜、灯りに飛んでくるカブトムシやクワガタには立派な角を持ったオスは少ないが、樹液で縄張りをはっているオスは立派でケンカに強い」というものがある。この採集のコツには、性をめぐる進化の裏付けがあるのである。

昆虫の交尾、その一言では片付けられない多様性を実感していただけただろうか？　次の章からは、自分自身の研究を紹介しつつ、その多様化の謎解きに迫っていきたい。

昆虫の性転換と雌雄モザイク

魚やエビなどでは、成長の途中で性転換する生物が知られている。たとえばディズニー映画「ファインディング・ニモ」のモデルにもなった、クマノミの仲間。群れのなかで一番大きな個体がメス、次に大きいのがオス、以下はオスでもメスでもない非繁殖個体である。

だから、「お母さん」がいなくなっても、「お父さん」は我が子を探す旅には出ない。お父さんはメスに性転換して新しい「お母さん」になり、次に大きな非繁殖個体がオスとして「お父さん」になるのだ。これは必ずウケる鉄板ネタとして授業で使っているが、このような性転換は、昆虫では起こるのだろうか？

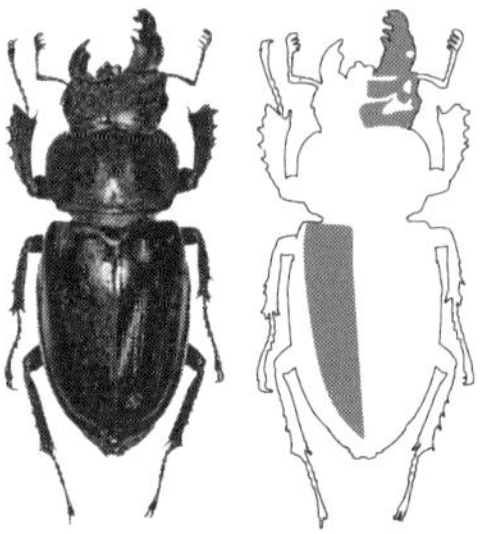

答えは、否だ。体をめぐる性ホルモンによって性徴が決定される脊椎(せきつい)動物とは異なり、昆虫は染色体によって「細胞ごと」に性が決まっている珍しい生物なのだ。

そのため、性転換が生じない代わりに、体の中に雌雄が混じる「雌雄モザイク」という現象が稀(まれ)に生じる。たとえば、体の左右で雌雄がくっきりと分かれるのである（図2-8）。これは、受精卵から育つ途中で、ある細胞で性染色体が失われるようなエラーの結果、オス細胞とメス細胞が一個体の昆虫の体に混在している状態だ。

もちろん、雌雄モザイクは通常不妊の奇形ではあるが、その珍しさから、きれいな標本は時に高値で取引されている。

メス部分＝白色
オス部分＝灰色

図2-8 ミヤマクワガタの雌雄モザイク

第3章　パズルは解けるか？ 長――い、交尾器の秘密

子煩悩（こぼんのう）なムシ、ハサミムシとの出会い

さて、そもそも昆虫の交尾・交尾器というマニアックな研究に僕をいざなったのは、ハサミムシという至極マイナーな昆虫だった。その名の通り、腹部の先にハサミを持つ虫である。都会の小さな庭でも植木鉢の下などでよく見られる身近な隣人なのだが、僕の授業の学生に尋ねると、残念ながら、その名前さえ聞いたことがないという返事も多い。

「ハサミは何に使うのですか？」――これは、よく訊かれる質問だ。一言で言えば、僕らヒトの手に近い。外敵からの防衛、捕食、翅（はね）を持っていて飛べる種類では翅の開閉にも使っている。そして、背中がかゆい時（そう見える）には、背中もハサミで掻く！

オスの方がメスよりも立派なハサミを持つ種類も多く、メスをめぐるオス同士の闘争や、

図 3-1　卵の世話をするコバネハサミムシの母親(なお、本種の学名はこれまで *Euborellia plebeja* があてられてきたが、議論の余地がある)

メスへの求愛行動にもハサミが使用される。

このハサミには、毒は一切ない。大きな種類では、はさまれて少し痛いこともあるが、出血するのはごく稀だ。とはいえ、物心つく前からムシと戯れていた僕でも、子どもの頃には苦手な存在だった。そんなハサミムシに惚れ込むキッカケは、高校生のときに訪れた。

大学受験を控えたある夏の日。ふと庭の石をめくってみた。そこでは、ヒゲジロハサミムシの母親が卵を抱いていた。多くの昆虫が卵を産みっ放しにするなか、ハサミムシの母親は卵が孵化するまで世話をするのである(**図3-1**)。ところが、僕の急襲に驚いた母親は、一目散に逃げてゆき、数十個の白いツヤツヤの卵だけが残された。

きっとこの卵は他の動物の餌食になるだろう。悪いことをしたなと思いつつ、石を元通りにかぶせておいた。そして数時間後、「どうなったかな?」と石をめくってみて、驚いた。ちゃんと母親が戻ってきて、卵の世話をしている! 巣の場所を覚えていたのだ。

にわかに興味がわき、自宅の机の引き出しにタッパーを並べての飼育生活(現実逃避?)が始まった。そんな生活は、東京都立大学の生物学科（現、首都大学東京・生命科学コース）に入学してからも続いた。

餌のキャットフードにはすぐにカビが生えるので、数日に一度は交換する。飼育容器の底に、土の代わりに石膏（せっこう）を敷く工夫はこの頃始めた。これは、乾燥に弱い土壌棲（せい）昆虫を土に潜り込ませずに飼育するためによく使われる手法だ。真っ白な石膏だけでは湿り具合がわかりにくいので、活性炭粉末を混ぜ込んで着色して使用する。

一般的に、大学では四年になると研究室に配属されて、卒業研究を行う。僕は、二年生頃から出入りさせてもらっていた動物生態学研究室の一員となった。

せっかくの学生時代、「今ここでしかできないことを！」と、最先端の分子生物学や、離島に泊まり込みでの生態調査を志向する友達もいた。しかし、僕は「たとえ研究職に就けなくとも、趣味でも研究を続けていきたい。そのための能力を学生時代に身につけたい」という発想だった。動物生態学研究室は、その目的には最適に思えた。

卒論はつらいよ

当時の動物生態学研究室では、研究テーマは自分で決定することになっていた。もちろん、教員と相談してヒントをもらいながら決めていくのだが、研究対象、テーマ、手法、必要な機材などを自分で考えた経験は、今でも自分の研究を支えてくれている。

僕は昆虫の子育てを研究したいと思い、その研究対象をハサミムシに設定した。ハサミムシの幼虫たちは、孵化して数日で親元を離れていく。子育てはそこで終了だ。もっと「本格的」に子育てする(=幼虫の面倒もみる)昆虫を研究しようと「浮気」をしたわけだ。

ところが……、思うようにデータは集まらない。クマバチなどは一度捕獲してマーカーペンでマークを施すと、こちらの顔を覚えているのか、再び出会った時にはすぐに逃げるような気がする。一年間しかない卒業研究、データ皆無のままに夏が終わろうとしていた。

今考えると、「本格的に子育てする昆虫なら、より良い研究ができる」という発想が、そもそも稚拙（ちせつ）だった。現在、スイスの研究グループがハサミムシを材料に、動物の子育てに関する重要な論文を次々と出しているのがその良い証拠だ。彼らのようなアイデアが出せなかったということは、僕が子育ての研究には向いていなかったということだ。

当時、研究室の助手の草野保さんに「お前は論文を読み過ぎだ」と言われたが、確かにそうだった。勉強して怒られるというのは妙だが、次々に論文を読んで「まだ調べられていないことは何か？」と探っていくと、狭い袋小路に入っていく。たくさんの論文を読みこんで、情報を整理し、「ここまではわかっています」と、指導教官の鈴木惟司（ただし）さんに持っていっても、「ふーん……それで？」と、言われてしまう。

とにかく行き詰まった。途方に暮れていたある日、ハサミムシの交尾器のことを思い出した。ハサミムシの交尾を邪魔してしまうと、慌てて交尾を中断した二匹の間に、ピアノ線のような、しかしもっと細いチューブが見える。何だろうと思ってオスを解剖しても、長く白いヒモのようなものが詰まっていて、まったく理解できない――そんなことを思い出したのだ。

当時、助手だった林文男さん（現、同研究室教授）にその話をしたら「そっちを卒研にすれば」と、アッサリ言われ、吹っ切れたような気がした。

オスの体内の長いヒモ状の構造は、きっと交尾器なのだろう。では、なぜ長いのか？ その秘密を知りたければ、それが使用されている現場を観察するのが早道だろう。ハサミムシを大量に飼育することはお手の物。さっそく観察を開始し、今までの停滞していた日々が嘘のように、研究は転がり始めた。

メスのは、もっと長かった

当時、僕はコバネハサミムシ（以下、コバネ）という種類を常に飼育していた。この名前は、小さく退化した前翅（まえばね）に由来する。後翅（うしろばね）は完全に退化していて、飛ぶことはできない。おまけにツルツルとした面は登れないので、飼育・観察がとてもやりやすい。

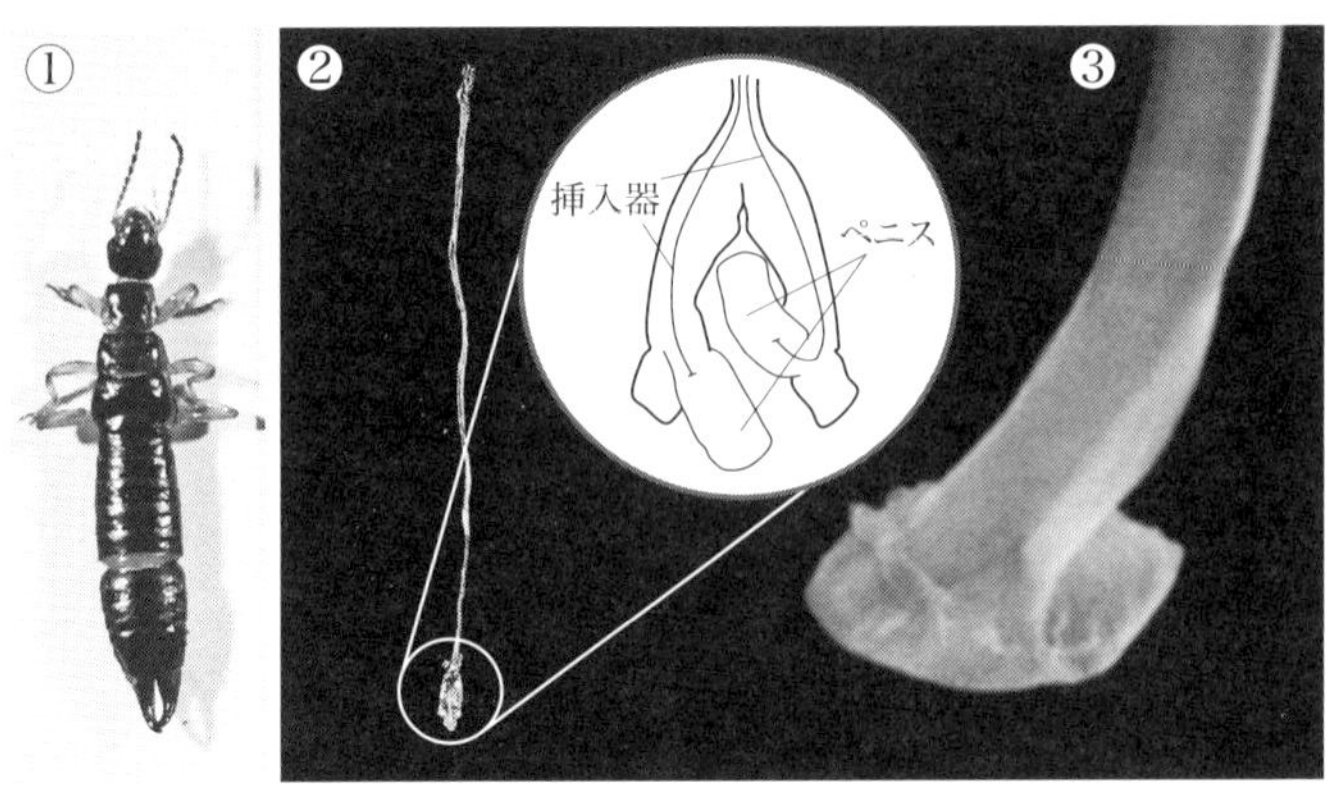

図 3-2　①コバネハサミムシのオス　②取り出された交尾器(真っ直ぐに伸ばした状態)　③挿入器先端の「耳かき」状構造　①と②は同じ倍率で示す

大きさも、イイ。カブトムシのような大型の昆虫を一〇〇匹飼育しようと思えば、かなりのスペースが必要だ。逆に数mmくらいしかない昆虫は、解剖など細かい操作に苦労する。近所(河川敷の草地や畑脇の掃きだめ)で採れて、年間を通して卵を産んでくれて、一cmくらいの飛べないムシで、あまり研究されていない。——コバネはまさに理想的だった。

ここで、コバネのオスの交尾器を紹介しよう(**図3-2**)。オスの腹部を開いてみると、白っぽいヒモのようなものが一回転半とぐろを巻いている。真っ直ぐに伸ばせば、オスの体長と同じくらいか少し長い。これが交尾器だ。

しかし、これがメスに挿入されるわけではない。この長い交尾器のほぼ全長にわたり、二本の極細のピアノ線のようなチューブが内蔵されている。専門的には射精管端枝（virga）と呼ばれる構造だが、ここではわかりやすく「挿入器」と呼ぶことにしよう。この、太さが髪の毛の二〇分の一ほどの管がメスに挿入され、精子を渡すのである。

一方、コバネのメスの受精嚢はとにかく細長い（図3-3下）。写真で見るとまるで迷路のようだが、一本道の袋小路だ。その長さは体長の二倍以上に及ぶ。つまり、オスの交尾器の倍以上の長さだ。この長さを測るには、拡大コピーした写真の上でマップメーター（地図上の距離を測る道具）を使用するのだが、一つ測るのに三〇分はかかる。

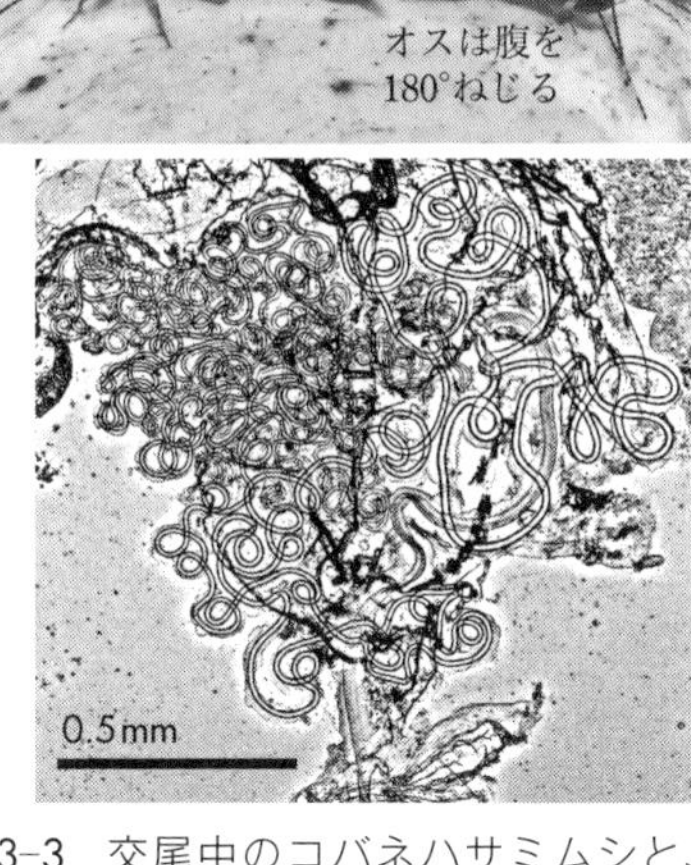

図 3-3　交尾中のコバネハサミムシと、メスの受精嚢

ここまでは、実物と古い解剖学の文献を見比べながら、何とか理解した。それにしても、なぜ交尾器や受精嚢がこんなに長いのか？　なぜ挿入器が二本あるのか？　さっぱりわからない。

まずは自分の目で「現場」を見るのが早道だろう。さっそく液体窒素を用意して、コバネの雌雄を容器に放つ。

すぐに交尾してくれるのが、この昆虫の最大のメリットだ。

オスの触角がメスに触れると、オスはすぐさま腹部を曲げて、メスにハサミを向ける。しかし、攻撃するわけではない。オスはメスに向かって静かに後ずさりを始める。同時に腹部を約一八〇度ねじる。脚は地面につけたまま、腹部の先端だけは「仰向け」にするのだ。その間メスがじっとしていてくれれば、交尾が成立する(図3-3上)。ハサミが邪魔になるため、このような特殊な姿勢をとらない限り、雌雄交尾器をかみ合わせることができないのだ。

しかし、雌雄の交尾器自体は、腹板(昆虫の腹部腹側を覆う板)に隠され、その様子は見えない。これを観察するには、交尾中のペアを固定して解剖などで観察するしかない。

コバネの交尾は、平均で四分間ほど続く。交尾開始後、様々なタイミングでペアを液体窒素で瞬間固定していった。解剖してみると、どのペアでも、二本ある挿入器の左右いずれか一方がオスから伸び出して、直接メスの受精嚢へと入っていっている。

交尾が開始されて三〇秒、一分、と時間が経過していくうちに、挿入器はどんどんと奥深くに入っていく。しかし、まだ精子は見られない。一分三〇秒ほどで、最も深くまで挿入された状態になる。とはいえ、受精嚢よりオスの挿入器の方がずっと短いので、受精嚢のドン詰まりまでは到底届かない。この段階で初めて、精子が観察されるようになる。オスは挿入器の先端から精子を出しながら、今度は挿入器を抜いていくのだ。

そのため、交尾を終えた直後に固定したメスの受精囊では精子はその根元（入り口）部分にしか見られないが、やがて長い受精囊の全体に広がっていく。

コバネの交尾の概略がわかったところで、もう少し詳しくオスの交尾器を見てみよう。挿入器の先端を電子顕微鏡で観察すると、**図3-2③**のように「かえし状」の構造がついているることがわかった。細長いチューブの先にこのような「かえし」がついているので、まるでクネクネと曲がる長〜い耳かきのようだ。実際、かえしのついた先端部分は、受精囊の管の内壁（耳かきに対する、耳の穴に相当）にピッタリと納まるような太さである。

なぜ、このような不思議な交尾器を持っているのだろう？ そこで考えたのが「（見た目だけじゃなく）機能も耳かき仮説」だ。コバネのメスは交尾相手を選り好む様子もなく、頻繁に交尾をする。これは、精子競争が激しいことを示唆する。トンボ類同様、ライバルの精子を掻き出した後、自分の精子を渡しているのではないだろうか？

そのように考えれば、交尾の後半、挿入器を抜きながら、自分の精子を放出することも納得できる。開始直後から精子を出していたら、せっかく渡した自分の精子まで掻きだしてしまうことになるからだ。

しかし、どのオスの精子も顕微鏡下では同じに見え、区別がつかない。一体どのような実験をすれば、掻き出しによる精子の置換を示すことができるのだろうか？

検証、耳かき仮説

突破口になったのは、次のような発見だった。交尾を開始して間もなく、まだ自分の精子を放出し始めていないオスの腹部をピンセットで軽くつまんで「ビクッ」とさせる。すると、オスは精子を出さぬまま、挿し込みかけていた挿入器を引っ込めてしまうのだ。

この現象をうまく利用し、既にライバルオスの精子を持ったメスと交尾を始めたオスをビックリさせれば……もし掻き出しをしているならば、受精嚢の入り口付近の精子がなくなって空白部分ができるはずだ（図3−4）。

そして実験の結果、まさに予想通りの状態が観察された。受精嚢の奥には精子が詰まっているのに、入り口付近には精子がない部分ができたのだ！

ちなみに、挿入器を挿し入れている最中に瞬間固定した場合は、挿入器の周りにライバル精子が見られ、空白部分はない。このことから、挿入器を挿し入れる時にはライバル精子を奥に押し込まず、挿入器を引き抜く時にライバル精子を掻き出していることがわかる。

前述の通り、耳かき挿入器のヘッドの部分は、受精嚢の内壁にピッタリと納まるサイズ。それが、どのようにライバル精子を奥に押し込まずして掻き出しているのか？　じつはこの疑問は、未解決のままだ。ヘッドの構造に、何か秘密が隠されているものとにらんでいる。

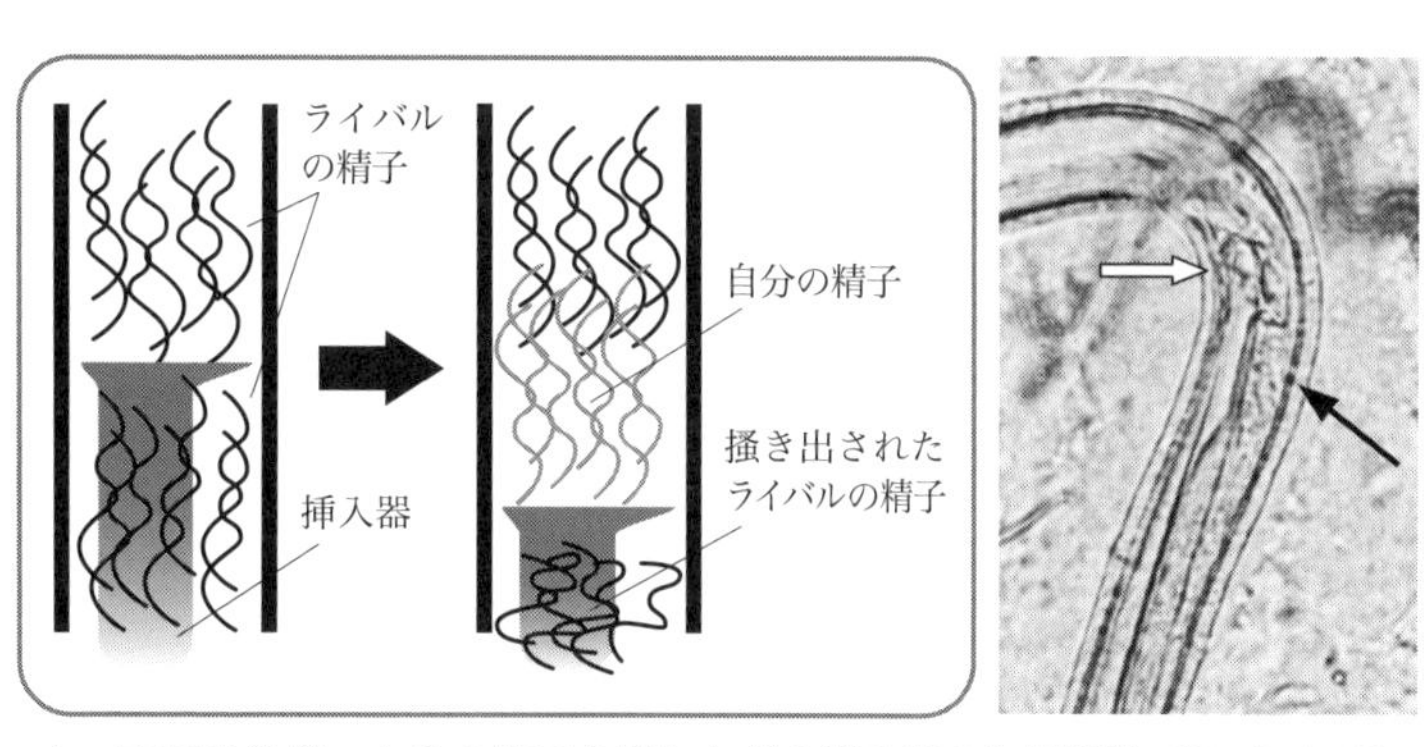

左：交尾の後半、自分の精子を出しながら挿入器の先端構造でライバル精子を掻き出すと予測　右：実験により、挿入器先端（白矢印）の下に絡まるライバル精子塊（黒矢印）を確認できた

図 3-4　コバネハサミムシのオスによるライバル精子の掻き出し

その後、ダメ押しの実験を行い、毛玉のように丸まったライバル精子の塊が挿入器の「かえし」で掻き出されている様子を、カメラに収めることができた（**図3-4**右）。「形だけじゃなく、機能も耳かき！」と納得することができたのである。

こうして半年遅れで始まった卒業研究は、何とか新しい発見にこぎつけることができた。しかし、ここまではあくまでもオスの視点での議論である。長いオス交尾器は、精子競争に対する適応だと考えられるが、その原因は、メスが複数のオスとつがうことである。

なぜ、コバネのメスは頻繁に多数のオスとつがうのか？　そしてなぜ、入り口付近の精子の掻き出ししか許さないような長い受精嚢を持っているのだろう？　これらの疑問は僕の大学院修士・博士課程の研究テーマとなった。後日談は、第5章で紹介したい。

スペアの交尾器を持ったムシ

コバネのオスの耳かきまがいの挿入器は、二本ある。交尾の際には一本ずつしか使えないのに、なぜ二本あるのか？　これも大疑問だ。

じつはハサミムシ類には、挿入器を二本持ったグループと、一本しか持たないグループがある。コバネハサミムシの属する（マルムネ）ハサミムシ科は、長い挿入器を二本持っている種が多い。

ハサミムシ類の分類でも、新種の報告にはたいていオスの交尾器の図が描かれている。多くの分類学者がつぶさに観察してきたはずであるが、二本の挿入器の機能については、驚いたことにまったく調査がなされていなかった。

「二本の挿入器のうちの一方は機能していない（＝使えない）」とする論文もあった。おそらくその論拠は、二本のうち一方の先端部分（この部分は普段、ペニスローブという包みの中に隠れている）が折れ曲がり、体の前方を向いてしまっているからだろう（図3-2）。

しかし、この部分は肘（ひじ）のように曲げたり伸ばしたりできる。本当に一本は機能を失っているのだろうか？　根拠なき論文の記述は、自分の眼で確かめなければならない。

しかし、左右どちらの挿入器を使って交尾しているか、外見からはわからない。例によって交尾中のペアを瞬間冷凍すればどちらの挿入器を使ったかはわかるが、そのオスは死んでしまう。彼のもう一方の挿入器が使用可能だったか否かは、永遠にわからなくなる。

そこで、こんな荒技を思いついた。オスを未交尾のメスと交尾させる。精子が放出され始めるタイミングでオスをピンセットでつまみあげ、メスから引き離す。オスの挿入器は極細なので、うまくピンセットを操れば、使用していた側の挿入器は折れてメスの受精嚢に残る。メスを解剖して挿入器の破損が確認できたら、今度はそのオスを別のメス（やはり未交尾）と交尾させる。再び精子の放出が始まるタイミングで、今度はペアごと瞬間冷凍すれば、折れていない方の挿入器を使って交尾をしたことを確認できるはずだ。

さて、その結果は……？　何しろ手荒い操作を受けているのでちゃんと交尾してくれるか心配したが、通常通りすぐに交尾を始めた。交尾開始後の時間を計って液体窒素で固定し、ドキドキしながらペアを解剖したら――「やっぱり！」。オスたちはすべて、最初の交尾で損傷を受けなかった側の挿入器を使って交尾し、メスに精子を渡していた！

五匹のオスは先に右挿入器を失い、次に左挿入器を使用していた。他の四匹はその逆だった。二本の挿入器が両方ともに使用可能であることが証明できたのだ！　アヤシイと思ったことは、自分で確かめてみなきゃわからない。

すぐに、次のアイデアが浮かんだ。交尾中に外敵に襲われるなどして、交尾が中断させられることは野外でも起こりうるだろう。交尾中のメスが突然に暴れて、挿入器を取り込む間もなく破損することもありそうだ。もし、野外で採ったハサミムシに挿入器が壊れたオスや挿入器の破片を受精嚢に持ったメスが見つかれば、オスの二本の挿入器が、両方とも使用可能であることの意義が見出せる。すなわち「一方が壊れた時のスペア」としての機能である。

コバネの成虫を野外で大量に集めるのは困難なので、同じ(マルムネ)ハサミムシ科の一員でよく似た交尾器を持つ、ハマベハサミムシも集めることにした。こちらは海岸や河口のゴミの下からワンサカと採れる。

そして再び――「やっぱり！」。総計六六〇個体ほどを解剖したところ、挿入器を破損したオスのコバネが一匹、ハマベが二匹、そして破損した挿入器を受精嚢に持ったメスのハマベが二匹見つかった。低頻度ながらも、挿入器が交尾中に破損してしまうような「事件」が、野外でも起きていることの動かぬ証拠だ。そして、一方の挿入器を失ったオスは、もう一方のスペアを使って、その後も繁殖活動に参加しているに違いない。

通常の昆虫のように交尾器が一本であれば、それが壊れてしまった後には、もう子孫が残せない。その場合、簡単に壊れてしまうような交尾器は進化しそうにない。二本の挿入器を持つことと、それが壊れやすいものであることの間には、関係があるように思われた。

なぜ二本あるのか？

「挿入器は壊れやすいから、スペアのために二本持つようになった」のか、それとも「もともと二本あったから、壊れやすい細長い挿入器も進化し得た」のか？ 二つの可能性があるが、答えは後者であると考えている。

なぜなら、二本の挿入器を持ったハサミムシ類のすべてが長い挿入器を持っているわけではなく、短い挿入器を二本持っているグループもある。また、ハサミムシには挿入器を一本しか持たないグループもあるが、ＤＮＡの研究からも、彼らはもともと二本の挿入器を持つ祖先から進化したものと推定されているからである。

それにしても、「なぜ、ハサミムシの祖先はもともと二本持っていたのか？」「なぜ、あるグループでは二本のうちの一方の挿入器を、進化の過程で失ったのか？」疑問はつのる。ハサミムシの祖先が二本の交尾器を使用する様子をこの目で見ることは、できない相談だ。交尾中の状態で化石になった昆虫なんて、ごく稀にしか見つからない。しかし、原始的な特徴を残すとされるハサミムシ類の交尾行動を観察することで、ご先祖様の暮らしぶりを想像する手がかりが得られる可能性はある。

昆虫の原始の姿を留めるカゲロウは二本の交尾器（図1－4）を同時使用しており、ハサミムシでも同様な現象が見つかれば、ダブル挿入器の起源を説明できそうだ。

ハサミムシ類のなかでも原始的な特徴を残していると考えられているドウボソハサミムシ科やムナボソハサミムシ科の仲間は、亜熱帯・熱帯に多くの種類が生活している。そのため、今も南西諸島や東南アジアで採集・観察を続けているが、これまで調べたどのハサミムシも二本の挿入器のいずれか一方を交尾の際に使用していて、二本同時に使用する種類は発見されていない。今後、そのような種類が見つかる可能性はあるが、今のところ「なぜハサミムシの祖先は二本のペニスを持っていたのか？」という疑問の答えは未解決なままである。

ひょっとしたら、ハサミムシのご先祖様のダブルペニスは、もっともっと古い祖先から引き継いだ特徴なのかもしれない。その場合、ハサミムシを調べていただけでは、その理由は解決できない。

では、ハサミムシ類に最も近縁なグループの昆虫は何なのか？まだ決着はついていないが、有力候補にカワゲラ類がある。幼虫は水棲(すいせい)だが、全体的な雰囲気はよく似ている。さらにカワゲラの一部では、オスの精子を出す開口部がダブルになっている。

冷たい水に棲(す)み、成虫になるまで長い時間を要することが多いカワゲラ類を、多数飼育してその交尾を観察することは大変だ。でも、「昆虫の祖先の交尾の姿を探る」というロマンあふれるこの研究テーマには、いつかチャレンジしてみたい。

交尾器、右利き、左利き

二〇〇三年、僕は博士課程を中途退学し、立正大学地球環境科学部に就職することになった。キャンパスは、夏の暑さで有名な埼玉県熊谷市にある。そこで、助手として生物学や生態学、化学関係の実習を担当しながら、研究を続けることになった。

地学、数学、生物化学と、同じ学科の三人の先輩助手の皆さんと同室だったので、各分野の世界を覗くとともに、数学的な問題などについても気軽に質問できた。今まで周りに生物屋しかいない環境で育った僕には、これは得難い環境だった。

とはいえ、これまでの学生の身分と違い、忙しい。理系学部の実習授業は、夕方遅くまでかかる。その合間を縫って、これまでの成果を論文として発表し、博士論文も完成させねばならない。必然、研究室やキャンパスの宿泊施設に泊まり込むことも多かった。

やはり大学に泊まり込んでいたある初夏の夜、キャンパスを歩いていると、たくさんのオオハサミムシ(以下、オオハサミ)が目に留まった。周りは農地や林に囲まれたキャンパス、外灯に集まるムシを食べるため、オオハサミも集まってきているようだ。

本種は日本全国の海岸などに生息する普通種だが、これまでまじめにその交尾を調べてみようとは思わなかった。コバネ同様に挿入器は二本だが、短く単純で、あまりおもしろそうではなかったからだ。でも「せっかくだから調べておこうか」と、なぜかその時はそんな気持ちになった。

まずは、オスを何匹か解剖してみる。一方の挿入器とそれを包むペニスは、すぐにでも交尾に使えるよう後ろへ向いている。もう一方は根元で折れ曲がり、体の前を向いている。これはコバネと同じだ。ところが――。

おやっ？　何匹解剖しても、右がまっすぐ後ろ向き、左は前方へと折れ曲がっている。逆はほとんど見当たらない（図3–5）。コバネでは両タイプがほぼ半々で混在していたし、実際に交尾中のペアを固定した実験でも、左右の使用頻度に違いはなかった。

もしかしてオオハサミは「右利き」なのか？　だとしたらなぜ？　左側のペニスは使われることはないのか？　いろいろな疑問が一斉にわいてきて、さっそく実験にとりかかる。

まずは、交尾中のペアを固定してみる。やはり右側のペニスばかりが交尾に使用されており、左側が使用されることはほとんどない。右側と左側の挿入器には、その長さも含めて見た目には違いがない。にもかかわらず、左側は使用できない交尾器なのか？

僕もだいぶ解剖に慣れてきていたので、オオハサミを麻酔で眠らせ、左右一方のペニスだけを狙って切除することは簡単だった。こうして手術したオスと未交尾のメスを一晩一緒にしておくと、左右どちらのペニスを切除したかにかかわらず、ほぼすべてのオスがメスに精子を渡していた。

野外で採集したオスは、大部分「右スタンバイ」だが、約八％「左スタンバイ」が見つかる。おもしろいことに、この数少ない左利き個体をよく観察してみると、かなりの確率で右側のペニスに異常が見られた。多くの場合、ペニスの一部またはほぼ全体が変色している。逆に右利き個体の左ペニスには、そのような異常はほとんど観察されなかった。

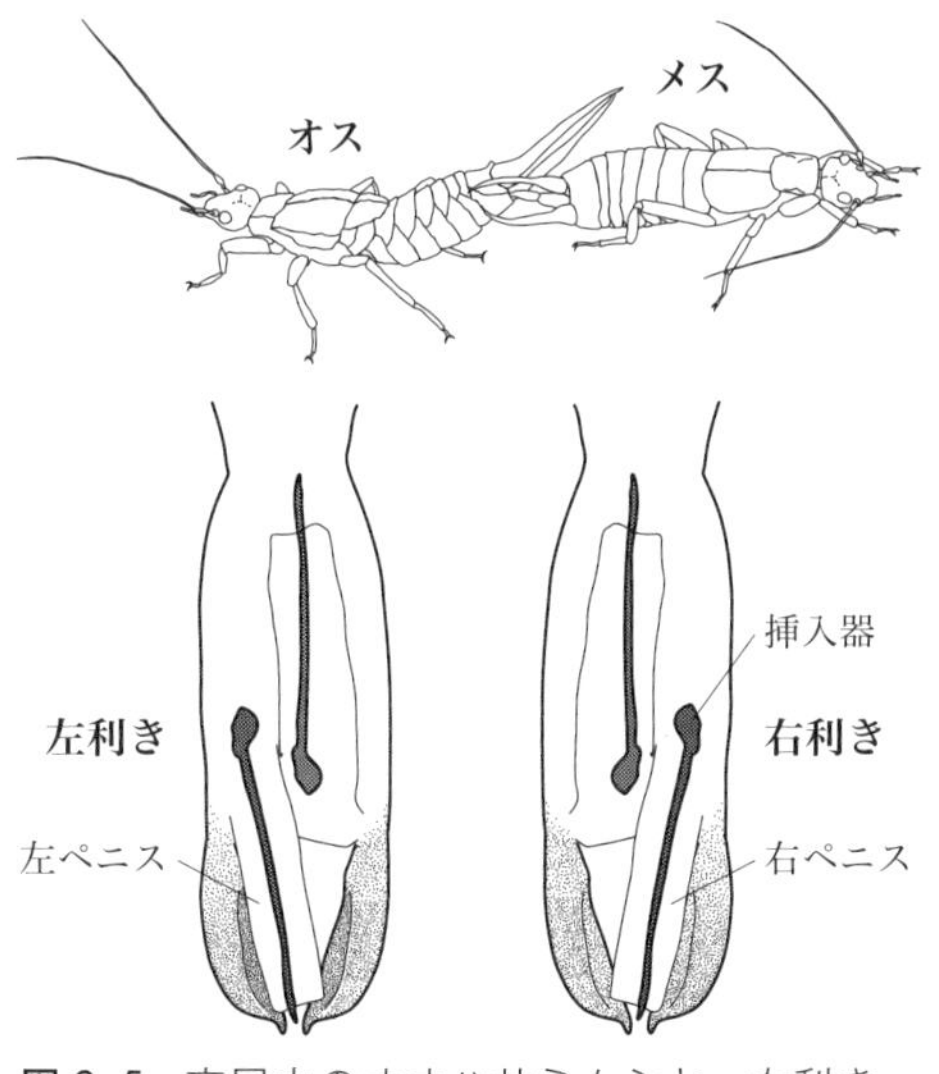

図 3-5　交尾中のオオハサミムシと、右利き・左利き状態の交尾器

なるほど！　もともと右利きだったオスが、何らかの理由で右ペニスに傷がつくと、左利きになるようだ。普段、外に出てこないペニスに傷がつくとすれば、それは交尾のときだろう。オオハサミの左ペニスは、右が健在な間はまったく役に立たないままに終わる、本当の意味で「スペアペニス」と呼べる器官だということがわかった。

その後も、北海道から九州まで、そしてマレーシアや台湾で、たびたび海岸を徘徊しては、オオハサミの研究を続けている。どこで調査しても、この昆虫は右利きだった（ただし、マレーシアと日本のオオハサミムシは近縁な別種である可能性が高く、また日本国内においても、複数種が含まれている可能性がある）。

夜になれば地上に姿を現すこの昆虫も、昼は流木の下などに潜って焼けつく日差しを避けている。「これは！」という流木にサーファーのビーチサンダルがズラッと立てかけられていて、泣きたくなったこともある。マレーシアとタイの国境近くの人影のない砂浜を一日中歩いても、一匹の姿も拝めないこともあった。

勘を頼りに歩き出して「あの時、北に進まず南へと歩き出していれば、もしかして……」と、限られた時間のなか一喜一憂するが、選ばなかった道を歩いた場合の帰結は想像に過ぎない。昆虫採集は、常に人生の縮図だと思う。

遺伝が先か？ 習いが先か？ 新しい進化理論との出会い

こうして何となく始まったオオハサミ研究は、右利き―左利きという新しい問題にぶつかった。昆虫の体は通常は左右対称だ。しかし、こと交尾器に限って見ると、左右非対称なものが結構ある。その理由は、左右のパーツが役割を分業する（カマキリ）、左右非対称だからこその機能を持つ（ジャコウアゲハ）、左右非対称な交尾姿勢を補完する（ハエの一部の種）など、グループごとに様々なようだ。

「左右のペニスの形に違いはないが、右ばかり使う」という点で、オオハサミの例は特殊である。おもしろいことにオオハサミムシ科は、ペニスの利き手が見られない（＝右と左がほぼ等しく使用される）ハサミムシと、進化の途上で左ペニスを失い挿入器が一本になったグループの間に位置すると考えられている（図３-６）。

すなわち、まず「右利き」という「行動」が先に進化し、使用頻度が低くなった左ペニスが後に退化した（＝左右の形の違いが生じた）、という進化のシナリオが考えられるのである。

第１章で紹介した通り、突然変異こそが生物進化の原材料だ。では、生物の形や習性は、突然変異なくしてはまったく変化できないのだろうか？

いや、そんなことはない。日の光を浴びれば皮膚は黒くなり、ＤＮＡを有害な紫外線から守る。ミツバチもうまく訓練すれば、餌のある皿の色を学習させることができる。これらは突然変異による遺伝子の変化ではなく、手持ちの遺伝子の「使い方」が変化しただけである。

生き物の性質（色・形・思考回路などなど）が、学習など突然変異に依存しない方法で変化し、「突然変異」が後代追いついてくる、というパターンの進化も可能なのである。このような進化は、「遺伝的同化」と呼ばれている。ハサミムシ類の交尾器の進化で起きたのは、この「遺伝的同化」である可能性が高い。

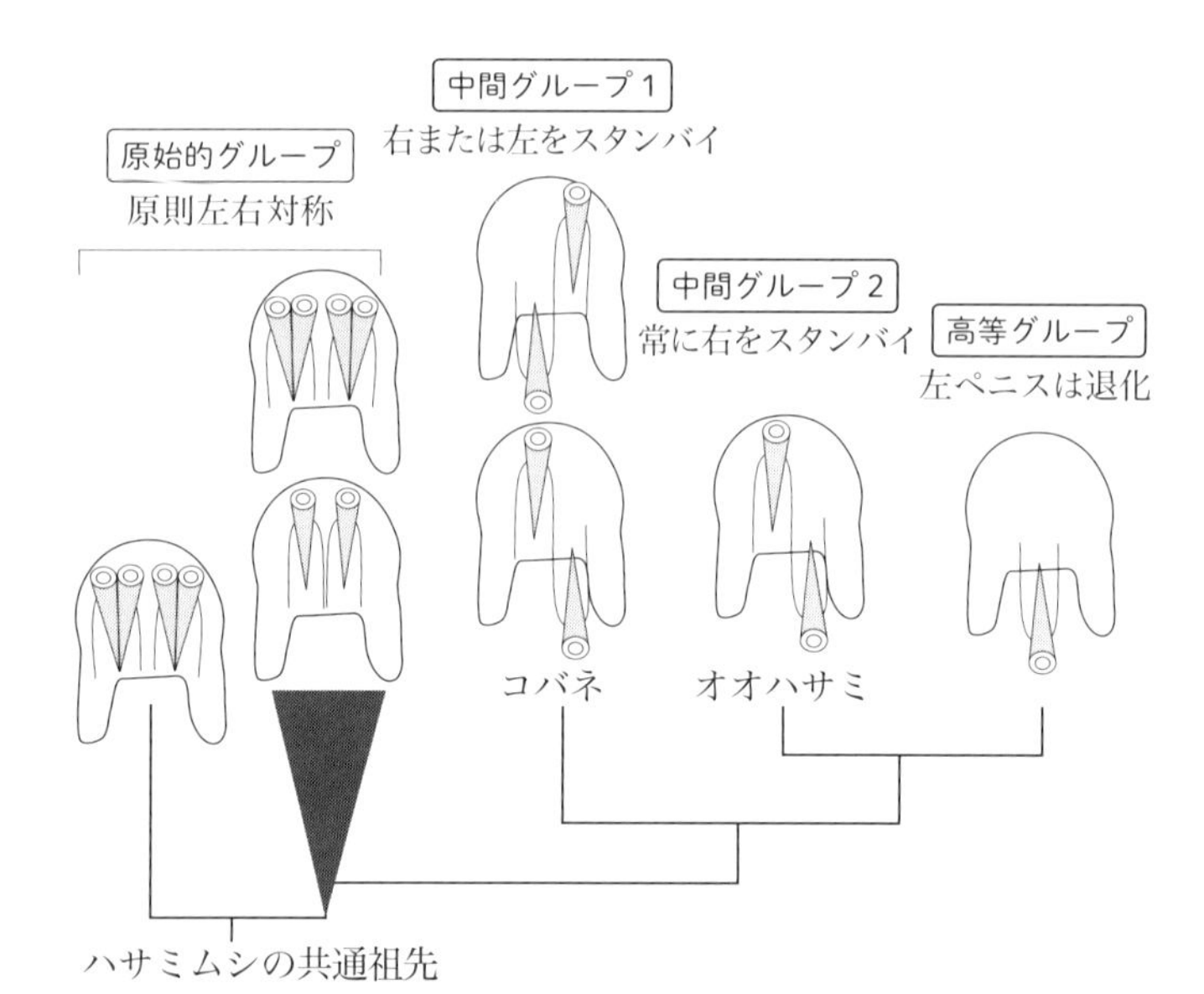

図 3-6 ハサミムシの系統とオス交尾器の進化の略図(三角形の部分は側系統であることを示す)

もともと左右いずれのペニスを用いても同じように交尾できたのが、祖先的な状態だろう。ペニスを二本持つハサミムシ類の多くは、いまも右と左を偏りなく使用している。

しかしたとえば、メス交尾器側の形の変化によって、右ペニスを使用した方が精子を渡しやすいような状況が生じたとしよう。オスたちは学習により、右ばかりを使用するようになるだろう。やがて、生まれつき右利きになるような突然変異が生じれば(そのような都合の良い突然変異は、簡単には生じないが)、その遺伝子は広まっていくだろう。「学習」という試行錯誤が省かれ、羽化した当初から有利な右ペニスを使用できるからだ。オオハサミはこの状態、すなわち遺伝子が追いついてきた状態にあると考えられる。

彼らの左のペニスには、形の上での変化は生じておらず、今でも「いざという時」のスペアとして働いている。しかし、この状況がさらに進行し、左ペニスの活躍する機会が減少していけば、やがて退化していく可能性がある。現在、一本しかペニスを持たないハサミムシたちは、そのような祖先の末裔（まつえい）と考えることができる。

ヒトの利き手も右利きが圧倒的多数だ。その原因は、右脳と左脳の機能の分業にあると考えられている。オオハサミで、このような脳の分化が生じているかは不明である。また、このストーリーで想定したように、本当に右ペニスを用いた方が効率的に交尾できるのだろうか？　アジア各地の標本を集めながら、現在検討を進めている最中だ。

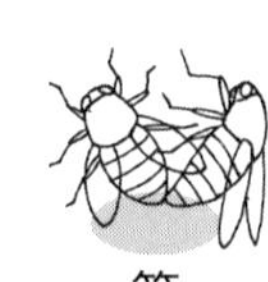

第４章　北へ南へ、新たな謎との出会い

ここでも、「二つある」問題

二〇〇五年の春から、北海道大学農学部に移ることとなった。初めて関東を離れての雪国生活。札幌の雪には強烈な洗礼を受けた。

ハサミムシ類の交尾器進化の研究をさらに展開していくには、さらなる多様性を求めて、亜熱帯・熱帯域のグループに手を伸ばしていくべきと感じていた。しかし、年間を通しての飼育実験を基本にする僕の研究スタイルは、長期の採集旅行と両立しない。そこで、北海道でも容易に入手できる別の昆虫を研究して、自分の世界を広げようと思い立った。

選んだ材料はショウジョウバエ類である。夏、果物の皮などを台所に放置すると、どこからともなく集まってくるあのコバエが多くの場合、ショウジョウバエ類だ。「ハエ」というと聞こえは悪いが、赤い大きな複眼をもった、小さなかわいい昆虫だ。

小さなガラス瓶(びん)の中で、約二週間のうちに何百匹もの子が得られる。一〇〇年以上も昔から、遺伝学の優れた研究材料として利用されてきた所以(ゆえん)であり、高校の生物学の授業でその名を耳にした方も多いだろう。なかでもキイロショウジョウバエは、世界で最もよく研究されている昆虫と言える。

しかし、飼育のノウハウすらわからない。そこで、ショウジョウバエの季節適応や天敵との関係のエキスパート、地球環境科学部の木村正人さんに教えを乞うこととなった。

木村さんの研究室は、学部のメインビルディングとは別の「離れ」のようなところだった。まずはハエの餌作りから教わった。大鍋でトロトロとコーンや小麦胚芽などを煮込む。カオジロショウジョウバエという種類を研究してみようと思っていたのだが、「ついでに、これも飼ってみれば?」と、何種類かのハエをホイッ、ホイッと、頂戴(ちょうだい)してしまった。

木村さんに何か意図があったのかどうかはわからないが、この「ついでに」もらったハエが、僕のその後の研究を決めてしまった。というのも、僕が当初に計画していた性に関する遺伝学研究は、早々に頓挫(とんざ)したからだ(後日、木村さんは「あれはうまくいかないと思ったよ」と言っていたが、止めずに、まずはやらせてくれたのは、ありがたい)。

そして、「ついでに」もらった一種、フタクシショウジョウバエ(以下、フタクシ)の交尾器

を、何となく顕微鏡で観察してみると……何じゃこりゃ⁉

ショウジョウバエの仲間は、エデアグスがオス交尾器の真ん中に鎮座している。これは、例によって哺乳類のペニスに相当する機能を持つチューブだ。ところが、このフタクシ、エデアグスがないのである。その代り、一対の、見るからに獰猛なカギ爪が備わっている（図4‒1①）。エデアグスなしで、どうやってメスに精子を渡すのだろう？　これはおもしろい。

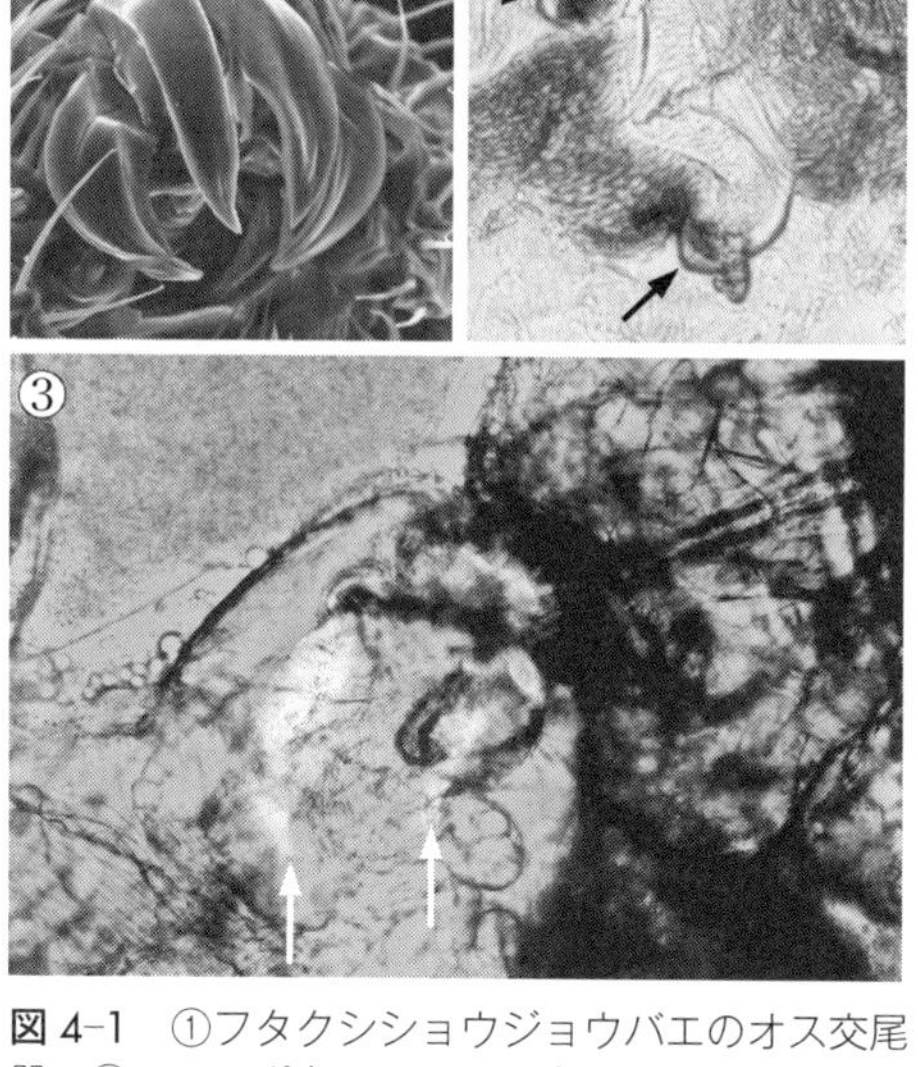

図4‒1　①フタクシショウジョウバエのオス交尾器　②メスのポケットについたかさぶた（矢印）③蛍光染色された精液がメスの生殖管に流入する様子（矢印の先の白い部分：*Drosophila parabipectinata* のもの）

この不思議な形の交尾器の秘密を解き明かしてやろう！　と、気がつけば材料が変わっただけで、ハサミムシ時代と何も変わっていない自分がいた。

観察を始めると、交尾済みのメスの交尾器には、茶色く変色した部分が一対見られる（図4‒1②）。これは交尾の際、オスのカギ爪によって作られた傷跡、そこが「かさぶた」になったものだと直感した。その証拠に、未交尾のメスには見られない。

そのかさぶたは、メスの生殖口(卵の出口であり、通常のショウジョウバエであればオスのエデアグスが挿し込まれる入り口)の両脇にある膜質のくぼみにつけられていた。これを「ポケット」と呼ぶことにしよう。オスのカギ爪は、このポケットを刺している模様だった。

この予想を証明する手法は、ストレートだ。例によって、交尾中のハエを液体窒素で瞬間固定して観察すればいい。しかし、今回はもう一工夫加えた。精液がメスに渡る様子を見るために、オスにだけローダミンBという赤い蛍光色素を混ぜた餌を食べさせておいたのだ。

これまで調べたすべての昆虫において、同様の手法で精液を蛍光染色することができた。じつはこの物質、かつては明太子の着色料として使われていたらしい。おそらくは、明太子を食べた男性の精液も赤い蛍光を発していたに違いない。

それはともかく、実験の結果は明快だった。ポケットに刺さった一対のカギ爪の先端から、(特定の波長の光を当てると)赤く光る精液が、二筋の流れとなってメスの生殖管に入って行っていた(**図4-1③**)。メスは生殖口を持っているというのに、オスはその両脇の壁に傷を作り、その傷を通して精液を注入していたのである。同様な現象は、フタクシに近縁な三種のショウジョウバエでも確認された。

このような「奇習」とも呼べる交尾は、どのように進化してきたのだろう？　まずは、近縁種と比較していくのが常套手段だ。近縁なアナナスショウジョウバエの様子を見てみると、エデアグス自体ではなくその両脇のトゲが、メスの生殖口脇のポケットを刺していた。

フタクシ類の爪状突起はエデアグスが二叉したものと、過去の研究では解釈されていた。しかしこの結果は、エデアグスが二つに分かれたのではなく、エデアグスは退化し、両脇のトゲが巨大化して爪状になった可能性を強く示唆している。一体、どっちが正解なのか？

ラッキーなことに、この困難に思えた「歴史問題」は、あっけなく解決した。電子顕微鏡でフタクシのオス交尾器を多数観察していたところ、二本の爪状突起の間に、フニャフニャに退化したエデアグスを見つけたのである（図４‐２右）。柔らかい構造なので、その形を拝むにはたくさんのサンプルを見る必要があったのだ。

やはりフタクシのエデアグスは退化し、精子を渡すという機能が両脇のトゲへと「引っ越し」したのだ。すなわち、メスのポケットに挿され、そこを傷つけていたトゲが、精子を渡すという機能も兼ねるようになったわけである（図４‐２）。

いつもハエを鑑定してもらっていた木村さんに、この決定的な一枚の写真を見せてみる。

「これ、何のハエの交尾器だかわかります？」

「わからない！」

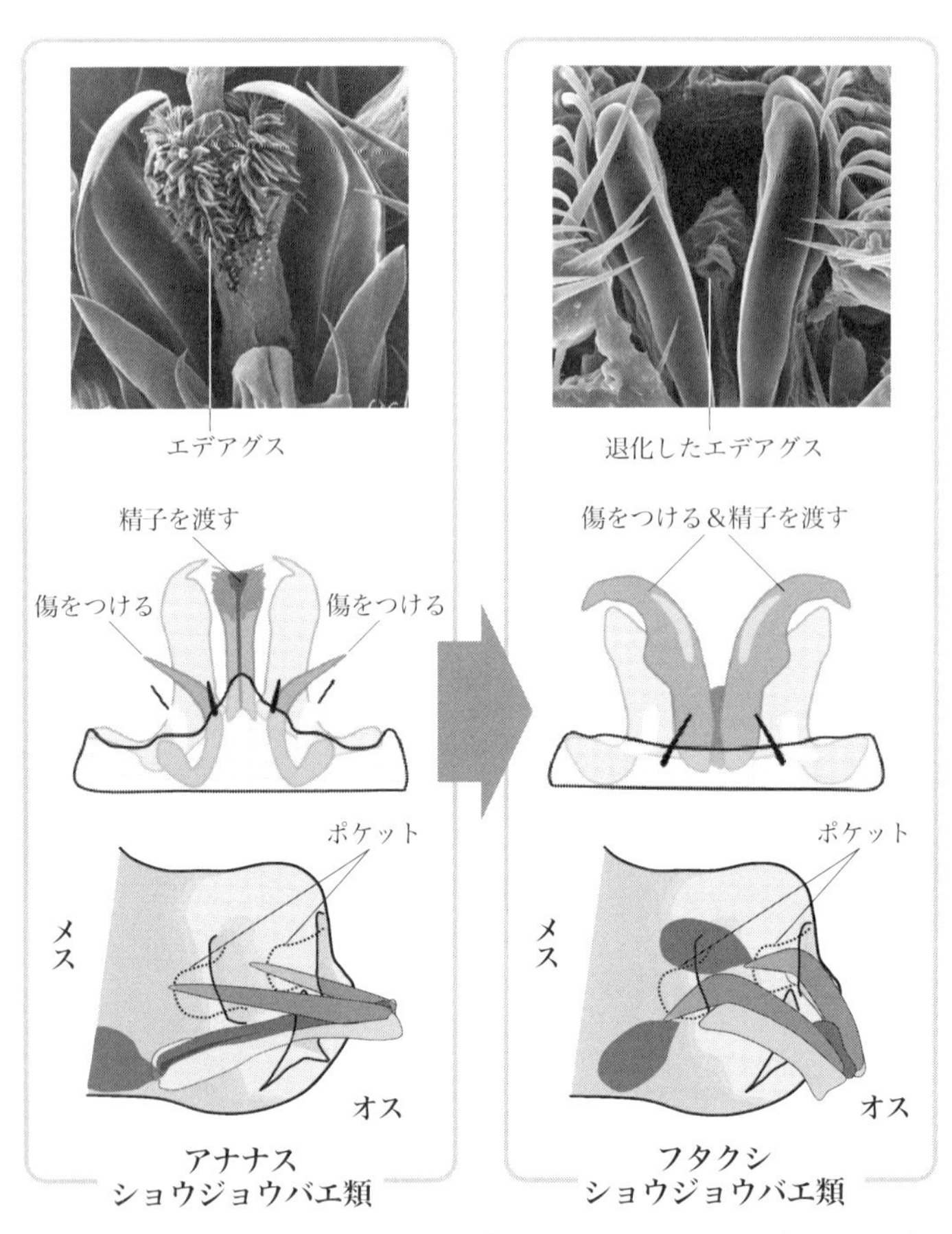

図 4-2　アナナスショウジョウバエ類からフタクシショウジョウバエ類へ。エデアグスが退化し、その精子を渡す機能は、隣接のトゲへと引っ越した

「フタクシですよ」
「うーん、残っていたのか!!」
――こういう瞬間があるから、形の研究はやめられなくなる。

精子を渡す機能の「引っ越し」

だがなぜ、精子を渡す機能は、エデアグスからトゲへと引っ越したのだろうか？　この二つの構造は「お隣」にあった。ショウジョウバエを含むハエ・カ・アブの仲間（双翅類）のオス交尾器は「超多様にして、概して複雑」だ（カバー袖図参照）。エデアグス以外にも、様々なパーツが「林立」している。機能が遠く離れた別の器官に引っ越すには大変革が必要だが、お隣への引っ越しなら、「中変革」くらいで済むのかもしれない。

しかし、引っ越しを引き起こした意義自体は、未解決のまま残されている。傷口から精子を渡すという行動が進化した場合、もはやメスにとって創傷を避けるような対抗進化をすることは難しい。メスは繁殖のために最低一回は精子をもらう必要があるからだ。オスは創傷と移精を「抱き合わせ販売」している可能性があるが、そもそもなぜオスはメスを傷つけるのだろうか？　この疑問は、本章の最後にじっくりと考えることにしたい。

ショウジョウバエ類は日本だけでも約三〇〇種が知られており、国内外の研究機関から多くの種類の生体を入手可能である。その後、約三〇種類について観察したところ、交尾の際にオスがメスを傷つけることは、過半数の種類で見られる普遍的な現象だと判明した（ただし、その傷から精子を渡すのはフタクシ類のみである）。

驚いたことに、そのなかにキイロショウジョウバエも含まれていた。地球上で最もよく研究されているはずの生物である。今まで多くの研究者がこの昆虫のメス交尾器を観察してきたはずなのだが、意識して見ないが故に、「かさぶた」は見過ごされてきたのだろう。……きっと僕も意識せずに、いろいろと大事なことを見過ごしているはずだ。

憧れの熱帯アジアへ

二〇〇八年、僕は北海道大学から現在の職場である慶應義塾大学に移り、文系の大学生向けの生物学の講義をしながら、ショウジョウバエの研究を続けていた。そんな折、大学から一年間の海外研究のチャンスをいただいた。

留学先はどうしよう？　欧米の先進国に渡り、自分の分野の著名な先生のもとで研究を進め、人脈も得る――これが一般的かも知れない。しかし、持ったが病、大研究室のプロジェクトに組み込まれて仕事をすることには興味が持てない。未開の材料がゴロゴロと転がっている熱帯に心が向いていた。憧れの熱帯で、一年間を過ごすチャンスなのだ！

熱帯昆虫の魅力は、その多様性だけではない。温度や日照時間の年変化に乏しい熱帯に生息する彼らは、適当な温度が与えられれば通年繁殖を行う種類が多い。一方、四季がはっきりした温帯の昆虫は、繁殖期が明確に決まっているのが普通だ。観察のチャンスが年に数週間しかないとか、一度低温を経験させないと繁殖を開始しないなど、効率よく研究を進めるにはハードルが高い種類が多いのだ。

しかし熱帯には、昆虫の基礎的な生態を研究している大学は少ない。フィールドに近く、通年大量飼育ができて、顕微鏡観察の設備も充実した研究室。これはかなりの難題だった。

留学まであと半年と迫った頃、一人の研究者に行き着いた。マレーシアのペナン島にあるマレーシア科学大学（Universiti Sains Malaysia）の李昭揚（リーショウヤン）教授（以下、リーさん）である。観光地として名前を聞いたことがあったこの島が、マレーシアの島とはそれまで知らなかった。そんな観光の島に、トップクラスの国立大学があることも。

リーさんの専門は都市の害虫防除だが、島からの新種昆虫の発見など、基礎研究にも実績がある。何より、ゴキブリ、シロアリ、アリ、ゾウムシ、チャタテムシなど、多様な昆虫が研究室で飼育されている様子だ。島の地図を見れば、東京二三区の半分ほどの面積に、原生林から里山、海岸まで、多様な環境がコンパクトにセットされている（図4-3）。

「ここしかない！」と直感し、さっそくリーさんにメールを書いてみると、一時間もたた

図 4-3　下宿先からのペナン島の景色。右手がキャンパス。正面の 200 〜300 m の小高い丘陵はハサミムシの宝庫。別の部屋からは海も見えた

ないうちに「留学においで」と快諾の返事。やはり論文をたくさん書いている人は、メールの返信も早い！　そこからはトントン拍子に話が進み、マレーシア政府への研究許可申請やビザの取得手続きに追われた。

こうして二〇一二年三月の末、マレーシアでの単身赴任が始まった。朝は大学に寄り、交尾行動の記録用にセットしておいたビデオを停止する。それから、近くなら徒歩で、遠方にはバスに乗ってフィールドへ。日中は、森で夢中で採集という日々だ。

最初は朽木(くちき)の中から出てくる巨大なヤスデやサソリにいちいち興奮していたが、次第に慣れてきた。それでも採集中や行き帰りの道で、サルやツパイ、カラフルな鳥やチョウ、用水路を泳ぐ魚、見たこともない植物などなど、毎日何かしらの出会いがあるのが楽しい。

帰宅してシャワーを浴びたら、また研究室へ。採集品を整理し、飼育している虫たちの世話をし、顕微鏡観察し、またビデオ撮影をセッティングして帰る。夜は論文を書いたり、採集品の同定作

業を進めたり。

二四時間営業のインディアン・ムスリムのレストラン（マレー人、インド人、華人、誰もが集う）でサッカーのテレビ放送に興じる人々の歓声を聞きながら熱い紅茶を飲み、気の進まない論文原稿をのんびり直している時間は、とても豊かに感じられた。

夜、ペナンの森では、パリパリという乾いた音をよく耳にする。シロアリの仲間が大群をなして落ち葉をむさぼる音だ。そのスピードを目にすれば、熱帯でフカフカな土壌が発達しないことにも納得がいった。植物だけではない。オオトカゲの死骸にも一斉にウジがわき、一週間で跡形もなくなった。こうした熱帯生態系の教科書レベルの知識も、自分の体験として授業で語れるようになったことは、今も大きな糧となっている。

理系研究者の多くは大学院修了後、ポスト・ドクター（ポスドク）として海外の研究室で武者修行を積むことが一般的である。この期間は純粋に研究に打ち込める期間といえる。僕はこのポスドクを経験することなく授業に忙殺される生活に入ってしまったため、マレーシアでの一年間は、いわば僕の初めてのポスドク生活として楽しんだ。

研究でも、ハサミムシ類を中心に大収穫があった。意外にも、原生の熱帯雨林（フタバガキ林）よりも、ドリアンやゴムなどのプランテーションを含む「里山的環境」からの方が多くの種類を得られた。おかげで帰国後、ハサミムシ三新種の名付け親になることもできた。

究極の異端児、トコジラミの「皮下注射」交尾

さてここからは、じつはかねてよりの念願だったトコジラミの研究について紹介したい。現地入りするまで知らなかったのだが、この「憧れのムシ」が、偶然にもリー研究室で飼育されていたのだ。

トコジラミ(*Cimex lectularius*)はカメムシ界の異端児だ。家具の裏などに潜み、夜間、人々の寝こみを襲って吸血する。かつて日本では「南京虫(なんきんむし)」と呼ばれていた。一時は殺虫剤により激減したが、殺虫剤抵抗性を進化させて、近年再び世界的に蔓延している。

オスの交尾器は単純だ。湾曲した鋭い注射針のような構造が一本、体の右側から左側に向かって伸びている。それ以外に目立った構造はない(**図4-4下**)。この交尾器からして、カメムシやセミの仲間(半翅類(はんしるい))としては異端なのだ。

たとえば、冒頭の**クイズFの答えは、ミンミンゼミ**のオスの交尾器。半翅類のオス交尾器の基本的な構造はビックリ箱をイメージするとわかりやすい。トコジラミの交尾器は、本来精子を渡す管の役割をしていたエデアグス(**図4-4**のピエロの顔+胴体)が柔らかい膜質構造へと退化してしまい、注射針となった左側の把握器(ピエロの右手)に包まれてしまっているのだ。右側の把握器(ピエロの左手)は完全に退化して、跡形もない。

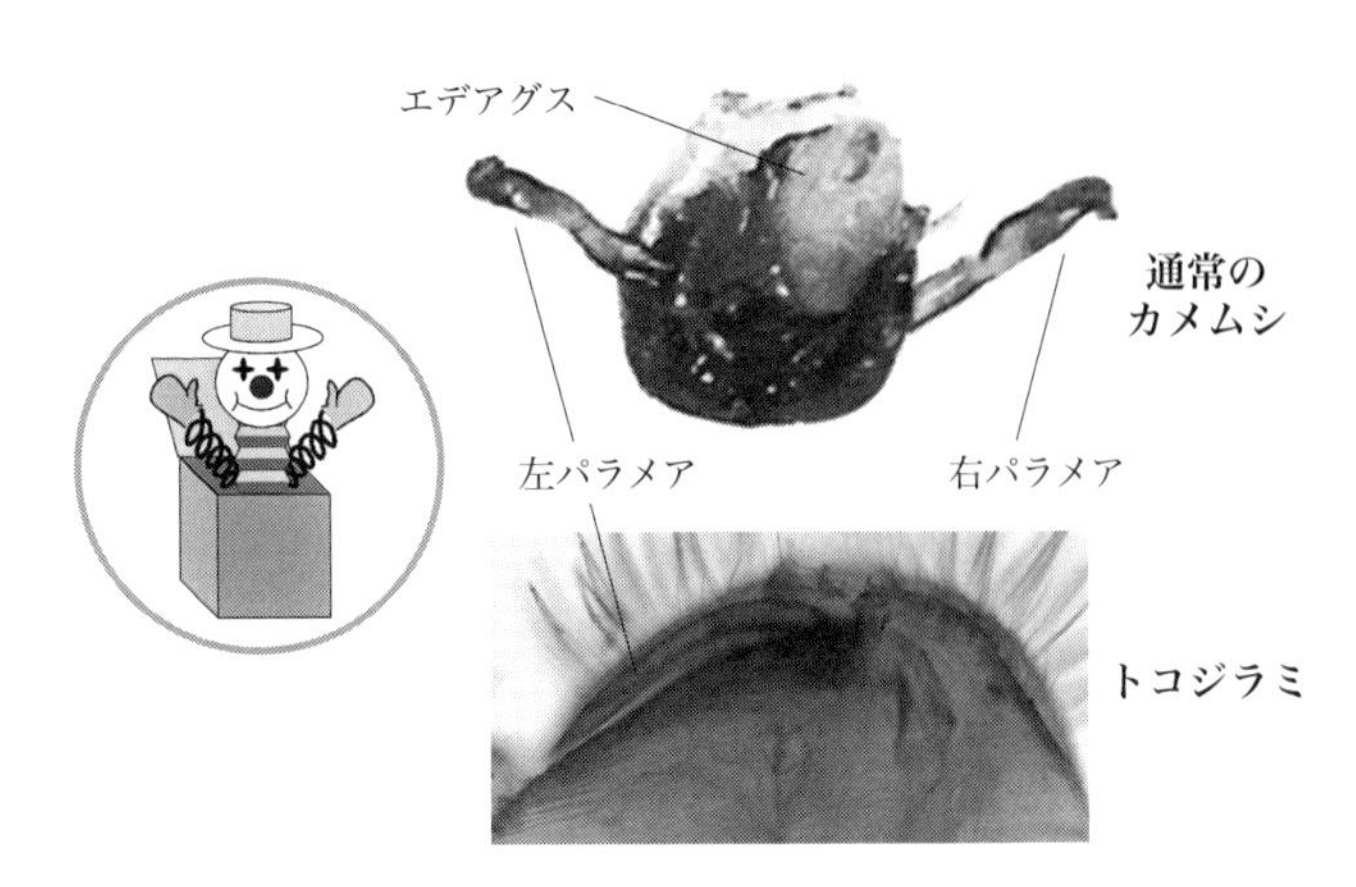

図 4-4　半翅類の交尾器はビックリ箱のようだ。通常のカメムシ（写真はアカシマサシガメ）の交尾器はその一例。しかしトコジラミの交尾器は、左側のパラメア（＝把握器）以外はほとんど退化していて、外からは見えない

でもこの注射針、どのように使うのだろう？　今度はメスを見てみよう。人間でいえば、「右わき腹」にあたるあたりを見てみると、丈夫な腹板に「ここを刺してくれ」と言わんばかりにスリット（切れ込み）が入っている（**図 4-5左**）。そう、腹部の先端で交尾するのが昆虫の常識のはずなのに、メスは二次的な交尾器である副生殖器を右わき腹に持ち、これでオスの鋭い交尾器を受け止めるのである。

トコジラミのオスは、動くものには見境なく飛びかかって交尾を挑む。相手がメスであった場合、強引かつ執拗に交尾を試み、メスの背中に乗った状態で、彼女の右わき腹の副生殖器めがけて、腹の先をカールさせる（**図 4-5右**）。うまく交尾が成立した場

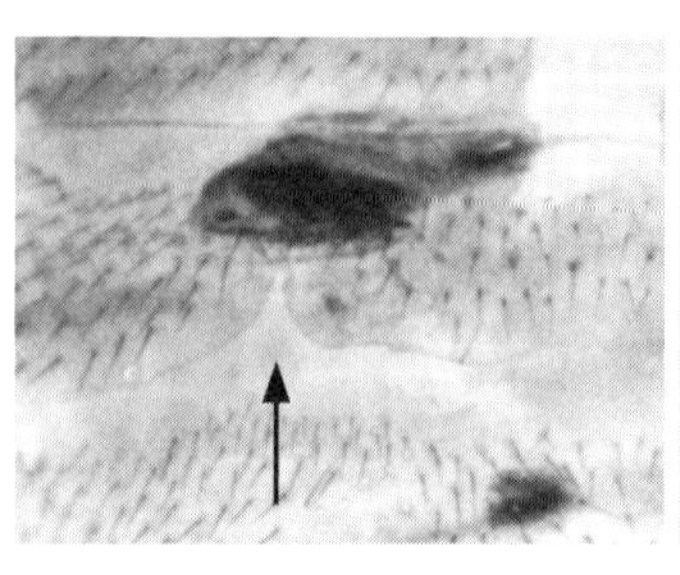

図 4–5　ネッタイトコジラミの交尾と、メスの右わき腹のスリット構造（矢印）

合、オスの鋭い交尾器は、スリットの奥にある体壁を突き破り、メスの体内に精子を注入するのである。つまり、「精液を皮下注射する」のだ。とはいえ、トコジラミの場合、「いきなり血液に注入」ではない。

スリットの直下には「スパーマリッジ」という特殊な器官が待ち構えており、そこに精子を含む精液が注入されることになる。このスパーマリッジなるものの本体は、「あんこのない饅頭（まんじゅう）」のような構造をしている。ここには精子を捕食・消化する血球細胞が待ちかまえており、長期の精子の貯蔵のための場所ではないらしい。

精子はその後、二段階の旅に出る。まずは輸卵管（ゆらんかん）のつけ根にある精生殖器巣という一時的な精子貯蔵器官への旅。そこには何のレールも引かれていない。精子は束を成してスパーマリッジの壁をすり抜け、集団でメスの体液（血液と言ってよい）の中を泳いで行く。次に精子は、卵巣へと第二の旅に出る。通常、昆虫の成熟卵は輸卵管を下って行き、産卵される直前に受精嚢（のう）に蓄えられた精子によって受精される。しかし、トコジラミ類の精子は、逆に輸卵管に沿って卵巣へと遡上（そじょう）していき、そこで直接、卵を受精するのである——。

以上が、先人たちが明らかにしたトコジラミの常軌を逸した交尾の概略だ。本当なのか？いつか自分の目で見てみたいと「憧れのムシ」だった理由、ご理解いただけるだろうか？

発見！　謎のダブリメス

リー研究室では、近年熱帯で猛威を振るうネッタイトコジラミ（*Cimex hemipterus*）という種類が飼育されていた。本種の交尾は、基本的にトコジラミと同じである。そして、飼育用の餌は、飼育担当の学生の「血」……だった。

ちょうど飼育担当だった学生さんが就職で研究室を離れるタイミングだったので、トコジラミは吸血源を失い、研究室から消滅する危機にあった。

飼育を引き継ぐか否か、正直なところ僕は迷った。自分が「餌」となり刺される覚悟はできていたものの、単身赴任先で得体の知れないムシに吸血されることに、家族が何と言うだろう？　また、先人が研究し尽くしたように思われるこの昆虫で、成果を残せるのかも大いに疑問だった。しかし、トコジラミを将来研究できるチャンスはもうないかもしれない。腹をくくることにした。

一～二週間に一度、トコジラミを小瓶に集め、瓶の口にメッシュを輪ゴムで留める。その瓶の口を自分の体に三〇分ほどあてがっておくと、メッシュ越しにムシたちは吸血する。人にもよるが、吸血されてしばらくすると、かゆくなる。また、繰り返し同じところから餌をやると痕（あと）が残りやすくなるようだ。僕の左腕には、五年経った今でも、白斑（はくはん）が残っている。トコジラミを飼う人には、吸血場所は毎回変えるようにアドバイスしておきたい。

さて、まずは先人たちが明らかにしてくれたことを、自分のこの目で確かめてみよう。鋭利で鎌のようなオス交尾器、メス右わき腹のスリット、いちいち感動してしまう！

スパーマリッジは、想像よりもデカかった。メスの腹部のかなりの体積を占めている。精液がいっぱいに入るとその部分が白くなるのが、メスの体の外からでも見えることには驚いた（**図4-6①**）。スパーマリッジから旅立ち、束をなしてジワジワと体液中を泳いでいく精子までもが肉眼で見えるのだから、感動する。さすがによく研究されているムシ。奇想天外な交尾・繁殖のメカニズムであるが、先人たちの記述には誤りがないように思われた。

しかし、ある日、変なメスを見つけた。どうもスパーマリッジ以外の所に精子を注入されているように見えるのである。ネッタイトコジラミのオスは大慌てで（そう見える）、かつ執拗に交尾に挑む。間違えて別の場所を刺してしまうこともあるのでは？と思われた。

さっそく、飼育瓶の底に大量に残っていた死骸を集め、アルカリ溶液で煮て、体の柔らか

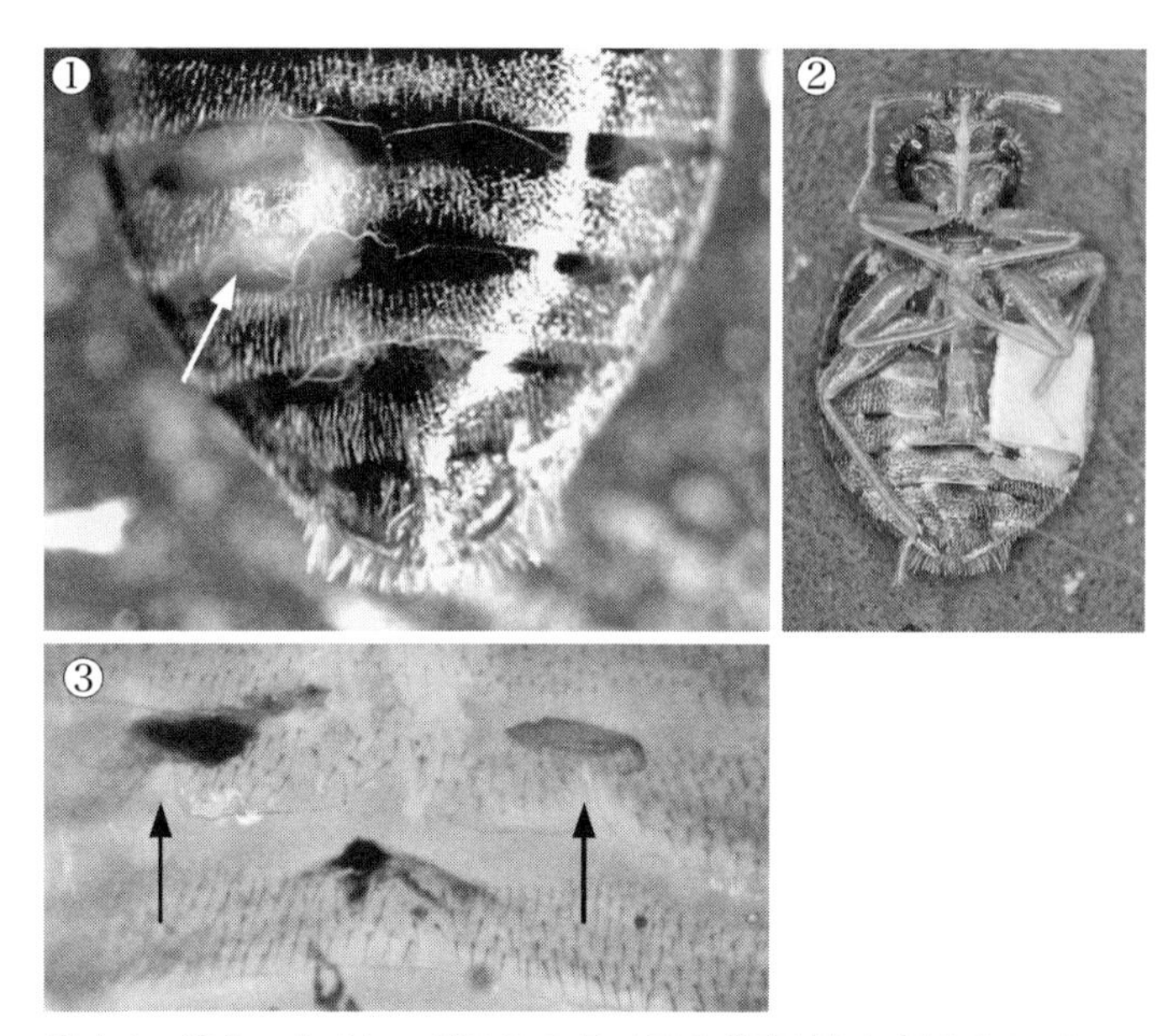

図 4-6　①ネッタイトコジラミのＲメスの体表越しに見えるスパーマリッジ中の精液（矢印）　②左脇腹をカバーされたメス　③Ｄメスの腹部両側にあるスリット（矢印）

い部分を溶かしてみた。これによって、硬い外骨格だけをきれいに残すことができる。スリットの奥にある「正規の刺され場所」も含め、オス交尾器が貫通した部分には黒いかさぶたが残る。昆虫の場合、脱皮しない限りかさぶたは生涯残るので、外骨格の標本を検査し、その分布を調べてみようというわけだ。

その結果、全体の約三割のメスでは、「正規の場所」以外にも、様々な箇所にかさぶたが発見された。それは、「正規の場所」の周り、それも外骨格が柔らかい部分に集中していた。「スリットを刺そうと模索しているうちに、別の所も刺してしまった」という印象である。

この調査では、思わぬ収穫があった。腹部の右側のみならず、左側にもスリットを持つメスが混ざっていることに気がついたのである!(図4-6③)

慌てて生きている個体も調べてみると、やはり三〇匹に一匹くらいの割合でそのようなメスが見つかる。そして、多くの場合、スリットを両側に持っているメスは、スパーマリッジも両側に持っているのである。

つまり、このメスは「体の両側を刺してくれ」と、言っているような状態だ。これはおもしろい! かさぶたの調査結果は、オスは基本的にメスの腹の右側を攻めることを示している。にもかかわらず、左側にも刺される準備をしているメスがいる! 三〇匹に一匹とは、単なる奇形と考えるには、あまりに頻度が高い。調査すべきテーマが次々と浮かんできた。

文献を探してみると、両側にスパーマリッジを持っているトコジラミ類は既に一〇〇年前から報告があり「Dメス」と呼ばれていることがわかった。「ダブル」のDだろう。右側にのみスパーマリッジを持つ普通のメスは「Rメス」(right のR?)だ。

先人の研究では、Dメスの割合は時に四〇%近くにも達し、「Dメスの生まれやすさ」は遺伝することも明らかにされている。「Dメスの左スパーマリッジは使用されていないようだ」という記述も見つけて少しガッカリしたが、どのような観察をしての言及だか分からない。具体的・定量的な証拠がない記述は、疑ってかかるべし。これは、ハサミムシ研究で学んだことだ。僕は、左スパーマリッジの機能を明らかにする実験に着手した。

オスが、左スパーマリッジを刺すことはあるのか否か？　まずはそれを調べよう。注意すべきは、Dメスとオスとが居合わせるだけでは、不十分ということだ。Dメスは右側にもスパーマリッジを持っているので、そちらで交尾を済ましてしまうかもしれない。右スパーマリッジが使えない時の、あるいは誤って刺された場合の予備として、左側が機能するかもしれない。「オスが右スパーマリッジにアクセスできない状況」を作らねばならない。

そこで、未交尾のDメスとRメスの右、または左のわき腹に、一㎜四方の紙片を貼り、スパーマリッジを塞(ふさ)いでみた(図4-6②)。

しかし、ダメなのである。メスが死ぬのだ。麻酔をかけただけなら、メスは死なない。ところが紙片を貼るのに瞬間接着剤を使用すると、メスが一〇〇%死ぬのだ。思わぬところで研究が頓挫しかけてしまった。

ところが、救世主が現れる。一時帰国した際に、日本が誇る「アロンアルファ」を買ってきて試したところ、あっという間に問題は解決したのだ。メスは死なない。紙片の脱落も、ほとんどない。思わぬところで日本製品の素晴らしさを実感！

そして、実験の結果は明快だった。左側を封じても交尾は起きるが、右側を封じると、Dメス・Rメスを問わず、まったく交尾ができなくなった。やはりオスは、Dメスの左スパーマリッジを使うことができないようだ。

刺しつ、刺されつ

ここで注意したいのは、「左スパーマリッジが使われていない」ことと、「左スパーマリッジは精子を受け止める機能を持たない」ということは別だということである。オスは利用できていないようだが、果たして精子を受け取る能力は持たないのだろうか？ オスが使ってくれない以上、人工的に精液を入れてみるしかない。

過去の研究から、トコジラミの精子はスパーマリッジ内で精液物質と混合されることによって活性化することがわかっている。そこで、交尾直後のRメスのスパーマリッジから精液を採り、それをDメスの左スパーマリッジに注入することにした。

あいにく、滞在先の研究室には微量注入のための装置などない。例によって、あるものでなんとか対処することにした。細いプラスチック・チューブをライターの炎であぶり、引き延ばして、極細の注射針にする。これをゴムチューブに装着し、反対側に吸い口をつければ、あっと言う間に完成である。昆虫の精液は粘性が高く、通常のピペットで吸うことは難しい。

手っ取り早く、自分の口で吸ってやろうというわけだ。見てくれは悪いが、ディテールにこだわっていても時間の無駄というもの。まずはこれでやってみよう。

まず、Ｒメスをオス数匹と共に容器に入れる。準備は整った。すぐに交尾が始まることは有難い。交尾が起きたらすぐさま、事前にスライドグラスに貼っておいた弱粘着の両面テープ（日本から持参）の上に、Ｄメス（未交尾）と、交尾したＲメスを、二匹並べて仰向けに固定する。

Ｒメスの外骨格を透かして、スパーマリッジにぎっしりと詰まった精子が白く見える。スリットに注射針をすべり込ませて精液を吸う。もちろん、口に入るほどには吸わない。注射針の先端、数㎜まで精液が上昇したところで止めるのだ。それをすかさず、Ｄメスの左のスパーマリッジへと注入する。ここは少しコツが要る。もし吹き過ぎればメスの体に空気が入って、メスは風船になってしまう。さて結果は？

Ｄメスを多数集めることは難しく、わずか三例の観察だが、精子は通常通りにスパーマリッジを出発し、そして精生殖器巣に到着していた！　これには、自分がトコジラミのオスになったような感動を覚えてしまった。

これでハッキリした。Ｄメスの左スパーマリッジは、右側のものと同様、精液が入ってくればきちんとそれを受け止め、精子を旅立たせることができる。「使えるはずであるのに、オスはそれを利用できていない」というのが結論だ。

オス側から見れば、これは非常にもったいないことだ。トコジラミのメスはオスに言い寄られると、腹を床面に押しつけるように伏せて拒否行動を示す。特に右腹を容器の隅などに押し当て、オスから「守る」のだ。この時、守りが手薄になっている左側を攻めることができれば、オスは交尾に成功しそうだ。しかし、実際にはそのような行動は示さない。羽化して初めて交尾に臨むオスでも、必ずメスの右側から攻めるのである。

仮にオスが、メスの左側も攻めることができるようになったとしよう。「両刀遣（づか）い」の突然変異体である。このオスは、通常のRメスたちにとっては迷惑な存在である。スパーマリッジのない左側を刺されてダイレクトに精液が体に入ると、メスの死亡率が上がることが先行研究で明らかになっているからだ。

この時、Dメスは有利になる。左側を刺されても、そこにもスパーマリッジがある。前述の通り、Dメスの生まれやすさには遺伝的な基盤があるので、オスが両刀遣いになった場合には、今は少数派のDメスが多数派になっていくはずだ。

このようなシナリオが生じたと考えられる種類がいる。*Leptocimex duplicatus* というトコジラミでは、すべてのメスがDメスで、両方のスパーマリッジに精子が入っている状態が報告されている。本種のオスは両刀遣いに違いないが、このようなオスはネッタイトコジラミでは未発見だ。

ところで、トコジラミは待ち伏せ型捕食者だ。ホテルのベッドの裏などに巣食い、餌食となる宿泊者を待ち続けている。このようなタイプの昆虫は、一般に飢餓耐性が高く、ネッタイトコジラミも数か月の絶食に耐えることができる。

その代わり、ご馳走にありつけた時には、文字通り腹いっぱいにまで吸血する。普段はペッタンコの腹部が、まるで風船のように膨れ上がるのだ。トコジラミのオスは、満腹で動きが鈍くなったメスに好んで交尾を仕掛けることが知られているほどだ。

彼らにとって、「食い貯め」はとても重要なのだ。このような昆虫のメスが、使われもしない無駄なスパーマリッジを腹部に持っている。謎は深まっていったが、一年間のマレーシア滞在では謎の入り口に立っただけで、時間切れとなってしまった。

この研究から学んだことは、「簡単に何でもその適応的な意義がわかるというものではない」ということだ。スパーマリッジは、トコジラミのメスには無くてはならない、しかも巨大な器官だ。そのような器官を、体の右側にのみ確実に作るのは「難しい作業」であり、その不可避の副産物としてDメスが生まれてくるのではないか？と、今は妄想しながら、この仮説を検証するチャンスが来るのを待っている。

なぜオスはメスを傷つけるのか？

トコジラミ然り、僕が発見したショウジョウバエ類もまた然り。多くの昆虫で、交尾の際にオスの交尾器がメスの体に傷をつける現象が報告されつつある。前述の通り、昆虫のオスにとって交尾はゴールではない。相手のメスには、そのオスの精子を使って産卵してもらわねばならない。そんな大事なメスを、なぜオスは傷つけるのだろうか？

ショウジョウバエ類では、オスの精液中の化学物質（タンパク質）がメスに様々な生理作用を示すことが知られている。未交尾のメスに精液（精子を含まない）を注射すると産卵を開始し（もちろん未受精卵なので孵化しない）、オスの求愛を強く拒否するようになる。おまけに寿命も短くなることがある。

「別のオスと再交尾する前に、自分の渡した精子による受精卵を多数産ませる」とは、オスにとって都合の良い「お薬」だ。交尾相手の寿命を縮めるのは、そのオスにとっても不利なように思われるが、これはこの魔法の薬の避けることができない副作用だと解釈されている。

シェフィールド大学（イギリス）のシバ・ジョシ氏は、交尾時の創傷の意義として、精液物質のメス体内への浸入口としての機能を提案した。精液が放出されるメスの生殖管内は、いわば体外の延長だ。精液物質の一部は血流に乗ってメスの脳に届き、そこで前述のような効果を発揮する。傷をつければ、化学物質が血液に浸入しやすいだろうという発想だ。

この説の真偽については、現在も議論が続いている。ヨツモンマメゾウムシではこの仮説を支持する報告がある。この甲虫のオスの交尾器のトゲをレーザーで切除すると、メス体内へ入る精液物質が減るとともに、そのオスが残す子の数も減少したのだ。

傷口から血液への精液浸入は、強烈なトゲだらけの交尾器を持つショウジョウバエの一種（*Drosophila eugracilis*）でも観察された（図4-7）。しかし、ショウジョウバエのメスにつく傷の多くは、精液と接触し得ない部位にあり、この仮説は万能ではない。

傷つけの意義については、別の仮説もある。傷そのものの物理的なダメージにより、メスが他のオスと交尾することが抑制される、または、メスの余命が短くなるので「慌てて」多くの卵を産むようになる、という発想だ。

あえて擬人的に表現すれば、「重傷を負ったので、もう交尾はしたくない。死ぬ前に早く子どもを残さなきゃ！」という状況を作り出すのである。ここでいう物理的ダメージには、傷口からの病原体感染リスクも含めて考えることができる。

スウェーデンとアメリカの研究グループは、キイロショウジョウバエなど三種の昆虫のメスの体を人為的に傷つけ、この仮説を検証した。具体的には、触角・脚・翅（はね）のいずれか一つ

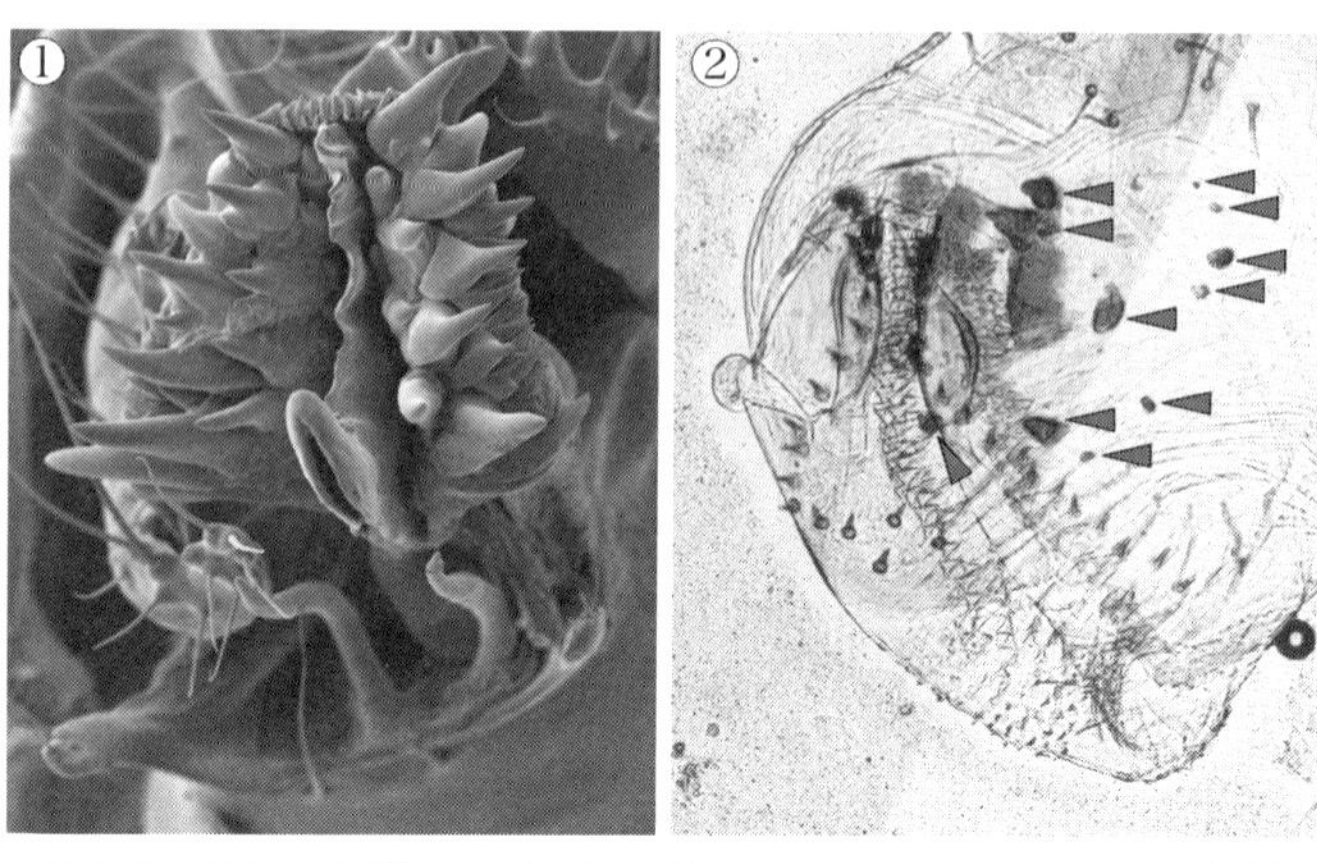

図 4-7　①ショウジョウバエの一種 *Drosophila eugracilis* のトゲだらけのオス交尾器　②それにより傷(矢印)だらけになったメス交尾器

を切除、あるいは胸部または腹部を細い針で刺す、という物理的ダメージを与え、その後の産卵速度と再交尾率を調査したのだ。その結果、ダメージにより産卵速度が低下することはあっても再交尾率は変わらず、傷自体はオスに利益をもたらすものではないと結論している。

僕のクロヤマアリの観察結果も、この仮説を支持しない。このアリは、「最も身近なちょっと大きめの黒いアリ」で、見たことのない人はいないはずだ。冒頭の**クイズDは、このクロヤマアリ**のオスの交尾器。精子を渡すエデアグスに見事な一対のノコギリを持ち、これでメス(=新女王アリ)の交尾器に傷をつけている。

このアリの繁殖虫(新女王とオスアリ)は、初夏に巣から飛び立ち、交尾を行う(結婚飛行)。新女王は短い結婚飛行の間にしか交尾をせず、交尾後は単独で地下生活を始めて新しい家族を作る。本種の女王は生涯にただ一度しか交尾しないことがＤＮＡの研究からも示されている。交尾可能な時間枠が短い本種で、傷が再交尾の抑制に機能しているとは考えにくい。

トコジラミのように傷口が精子や精液の浸入口になる事例を除けば、傷つけは、(たとえば交尾を拒否しようと暴れる)メスをしっかりと固定する際の副産物であり、ダメージそのものには機能がない可能性が高い。結局のところ、これが現時点での結論だ。

しかし、ここまでは、あくまでもオスの立場での議論だ。メスは傷つけられるがままの、受け身の存在なのだろうか？　次章ではこれまで十分な注意が払われてこなかった「メスの立場」に着目することで、交尾器の進化・多様化のメカニズムの全体像に迫っていきたい。

コラム　現場をおさえろ！　交尾中の昆虫の固定法・観察法

各種昆虫の不思議な形をした交尾器。一体どのように使用するのか？　あれこれ妄想するのも楽しいが、実際に使用の現場を見るのが「納得」への近道だ。

交尾中のペアの固定には、冷凍固定が一般的だ。短時間で固定されるほど、操作による影響(たとえば、雌雄交尾器のかみ合わせの変化)は少ない。経験上、液体窒素(マイナス一九六℃）による瞬間凍結が最も優れるが、危険物なので入手や持ち運びに困難がある。

その点、ドライアイスならスーパーマーケットでアイスを買えばもらうことができて便利だ。ドライアイスを入れてキンキンに冷やしたエタノールで固定し、そのまま冷凍庫に保管という手法を、僕は多用している。野外での入手し易さでは、熱湯による固定も優れた方法だ（第5章参照）。

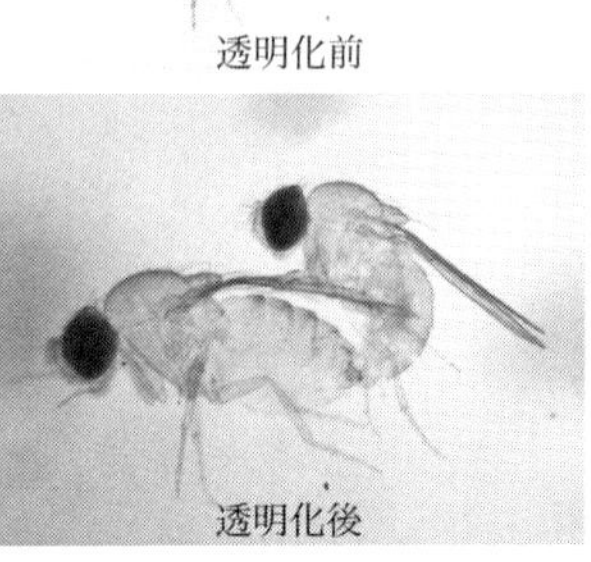

図 4-8　交尾中のフタクシショウジョウバエのペア

固定したペアは、交尾器が外れてしまわぬよう、注意深く解剖して観察する。薬剤で体内を透かして見る方法もある（図4–8）。これなら、外れる心配もない。いずれにせよ、最小限のペアから最大限の観察結果を得て、無駄な殺生は避けるようにしたい。何よりその成果をきちんと発表していくことが大切だ。

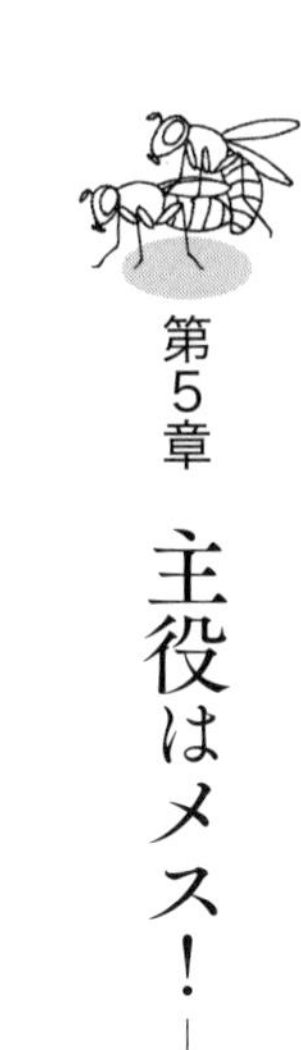

第5章 主役はメス！——交尾器研究の最前線へ

大疑問、なぜメスは何度も交尾するのか？

カマキリ、ゴキブリ、シロアリ。一見無関係に見えるこの三グループは、じつは親戚同士である。特にシロアリは「木材を食べるのに高度に特殊化したゴキブリ」と言える。

交尾姿勢はだいぶ異なるが、ゴキブリのオスの交尾器は、カマキリのそれとよく似ている（図5-1）。しかし、シロアリの交尾器を見てほしい。「交尾器」と呼べるような構造は、ほぼ皆無なのだ！ 一体なぜこれほどまでに単純化してしまっているのだろうか？

シロアリはアリと同様、不妊のワーカー（働きシロアリ）を含む巨大家族で生活している。結婚飛行後、出会ったペア（新女王と新王）が蟄居（ちっきょ）生活を開始してから交尾するので、「浮気」や「乗っ取り」は起こりえない。「オスからメスへ精子を渡す」という必要最小限の交尾でよい

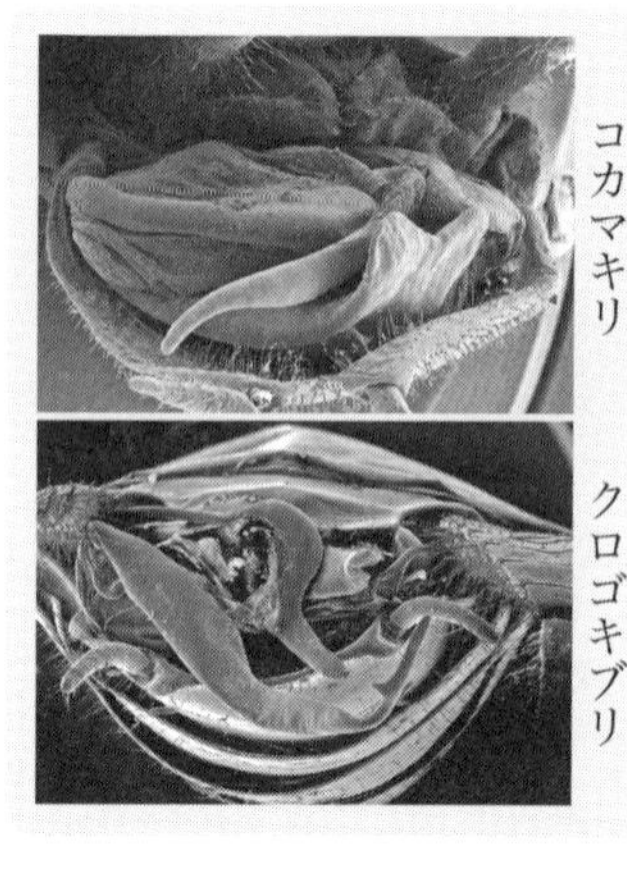

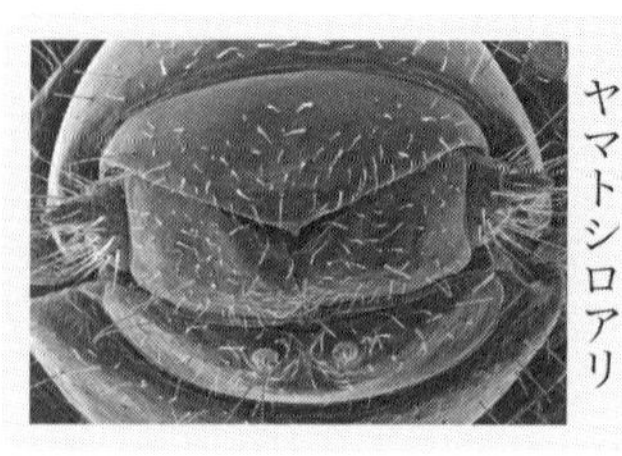

図 5-1 近縁な3グループの昆虫のオス交尾器。ちなみにシロアリは、メス交尾器も単純化している

わけだ。これが、交尾器の驚くべき単純化の原因と考えられている。

逆に言えば、他の昆虫類において、メスが複数のオスとつがうこと、少なくともその可能性があることが、多様で複雑な交尾器の形の進化に深く関わっていることがうかがえる。

これまで、オスとメスは交尾を巡って「せめぎ合い」の構図にあることを見てきた。メスが望む以上に交尾をしようとするオスと、それを拒否しようとするメスである。通常の有性生殖の場合、メスも一回は交尾しなければ子孫を残せないが、それ以上の交尾は無駄であり、かえってコストになる可能性がある。

しかし、考えてみてほしい。それでもメスは複数のオスとつがうことが多く、その証拠として精子競争が起きている。では、メスはなぜ複数のオスとつがうことがあるのだろうか？

まず容易に頭に浮かぶのは、メスも複数のオスとつがうことで、子の数が増えるパターンである。これを「直接的な利益」と呼んでいる。キリギリス（第1章）やカマキリ（第2章）の例で見てきたように、オスは交尾の際、様々な形でメスに栄養提供をする場合がある。食べ物が増えれば、より多くの卵を生産できる。このような直接的利益がメスの多数回交尾の理由になり得ることは理解しやすい。

オスが一回の交尾で渡す精子の量は十分に多く、通常メスが生涯に産む産卵数を上回る。しかし、せっかくオスからもらった精子も、メスが体内で貯蔵している間にだんだんと死亡していく。今日では、特殊な蛍光試薬で染色することで「精子の生死」を判別できるのだ。つまり、メスは新しいフレッシュな精子を得るために、再び交尾するという状況があり得る。

もう少し直感的にわかりにくいパターンもある。アメンボは水面という二次元の世界で暮らしている昆虫だ（たまに飛ぶが）。オスはしきりとメスに挑むが、オスを背に乗せた状態では、メスの採餌（さいじ）や外敵から逃れる能力が低下してしまう。そこで、アメンボのメスは交尾を挑むオスに必死で抵抗する。おもしろいことに、オスが立派な把握器を発達させたり、メスの側も把握されにくいようなトゲをもつ種類もいる（**図5−2**）。交尾をしようとするオスと、されまいとするメスの間の拮抗（きっこう）的共進化の産物と解釈されている。

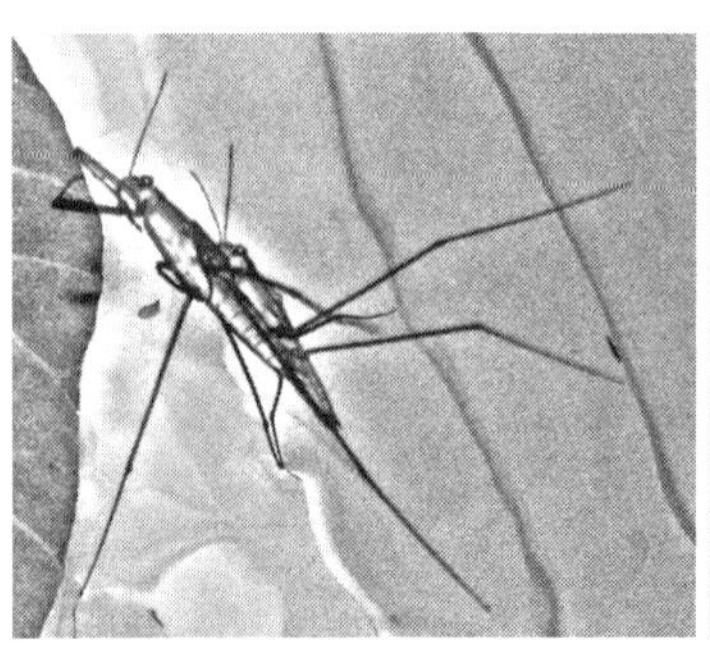

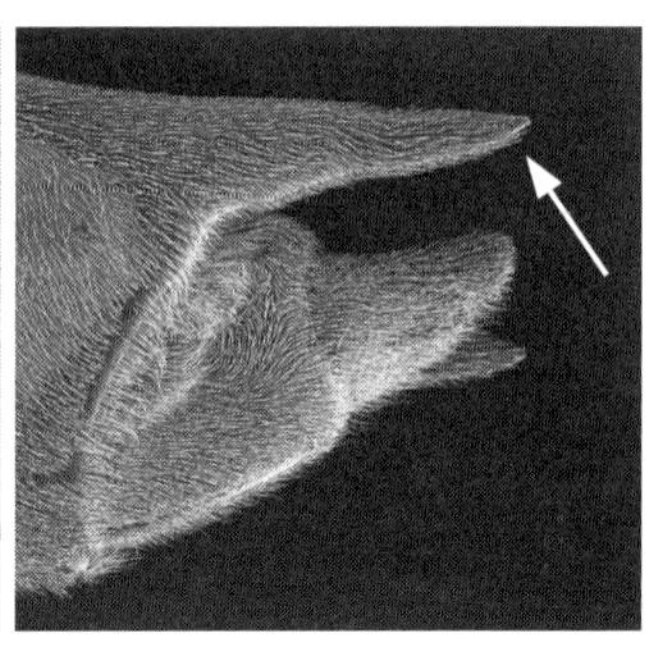

図 5-2　オスに抱き付かれもがくアメンボのメスと、オオアメンボのメスの尾端の突起(矢印)。欧州産の一種(*Aquarius*[＝*Gerris*] *remigis*)では、突起が背側を向き、交尾されにくくする機能を持つ

しかし、あまりに言い寄るオスが多くなると、いちいちオスと格闘していたら逆に餌を食べる暇もなくなるし、かえって外敵に目立ってしまうだろう。二次元生活では逃げ場がないのだ。このような、交尾そのもの以外の形でコストを被ることを「セクシャル・ハラスメント」と呼んでいる。「セクハラ」という用語は、人間専用ではないのだ!

実際、アメンボのメスはオスの密度が高くなると交尾を受け入れ、オスに交尾後ガードされて過ごす時間が長くなるという。より大きなセクハラ・コストを避けるために、より小さな交尾のコストを受け入れる、「背に腹は代えられぬがゆえの交尾」というわけである。これもコストを抑え、産卵数を増加させるメスの戦略として捉えることができるので、直接的利益に数えられている。

さてここで、わが相棒、コバネハサミムシに立ち返ってみよう。オスとメスを同じ容器に入れれば、通常数分のうちに交尾が始まる。二匹のオスと同居させておけば、なんと、メスは一晩（一五時間）で平均一四回、最大四二回も交尾をする、とんでもない昆虫だ！

　こんなに何度も交尾をしないと、十分な量の精子を得られないのだろうか？　メスの受精嚢（のう）中の精子数を推定してみると、五回程度交尾すれば飽和し、それ以上の交尾をしても増えていかないことがわかった。精子が足りないわけではないのだ。

　コバネのメスは生涯のうちに何度も産卵し、卵の保護を繰り返す。実験室内では最高で五回の産卵を観察した。その産卵の都度、再び交尾をさせないと、卵の孵化（ふか）率が低下してしまうことがわかっている。つまり、必要に応じて精子補充のための再交尾が有効なわけだ。しかし、そのために一晩に一四回もの交尾は必要ない。

　では、精子以外の栄養を、オスから得ているのだろうか？　ハサミムシ類では、メスが消化・吸収するような精包（せいほう）物質は渡されない。実際、多数回交尾させた場合と一回だけ交尾させた場合で、一回の産卵での産卵数や受精率に、有意な違いは見られなかった。

　セクハラ説や強制交尾の可能性はどうだろう？　これも答えはノーだ。他の多くのハサミムシ類同様、メスが静止していない限り、オスが交尾を成立させることはできない。

数より質——遺伝的な利益とメスの好み

様々な可能性をシラミつぶしにしていっても、コバネのメスの頻繁な交尾の理由は説明できそうにない。このような場合、疑うべきは「間接的利益（別名、遺伝的利益）」の存在である。オスが交尾の際に渡すのは精子だけなのだから、その精子が運ぶオスの遺伝子が、鍵を握っていると考えるのである。

だが、「オスの遺伝子の質」と言っても、そもそも、昆虫のメスが交尾相手のオスの質を判断するなんて、そんな「好み」があるのだろうか？……答えはもちろん、ある！

メスの好みが最もよく調べられている昆虫は、シュモクバエの仲間だろう。オスもメスも、異常に伸びた柄（眼柄）の先端に眼（複眼）がついていて、一度見たら忘れられない顔だ（**図5-3**）。オスの方がメスよりも眼柄が長い種類が多い。東南アジア産の一種（*Teleopsis dalmanni*）では、この「変な顔」の意義がとりわけよく研究されている。

本種のオスは沢沿いの石の上などに集まっている。これは「レック」と呼ばれる「集団お見合い場」だ。メスはそこに順次やってきては、オスの品定めをする。ちなみに春から夏、河原の土手などでよく見かける「蚊柱」も、たいていユスリカの仲間などのレックだ。

さて、このシュモクバエのオス、レックのなかで自分の周りの小さな空間を縄張りとしており、他のオスが侵入すれば、ケンカが始まる。ケンカと言っても「にらめっこ」。眼の間隔が離れたオスがたいてい勝つ。メスが来れば、オスはプロポーズする。メスに受け入れてもらいやすいのも、やはり眼が離れたオスであることが報告されている。長い眼柄は、オスにダブルの利益をもたらすのだ。これが、「変な顔」の意義である。

では、眼がとびっきり離れた素敵なオスと運よく結ばれたメスは、どうなるのだろう？　どんなにチャーミングな顔のダンナでも、子には一切栄養を与えない。しかし、眼柄の長さはある程度遺伝するので、眼柄の長い父の息子の眼柄は、やはり長くなる傾向がある。この息子はまた「モテる」のだから、多くの孫を残してくれるはずであり（＝間接的利益）、孫娘たちは「長い眼柄好き」という性質をも受け継ぐのだ。

これが繰り返されると……もうおわかりだろう。「オスの魅力」と「メスの好み」が、お互いを引っ張りあいながら進化していく。これが「ランナウェイ」と呼ばれる進化プロセスだ。

詳細は専門書に譲るが、メスの婿選びに多少のコストがかかっても（外敵に見つかりやすい場所で長い時間過ごすとか）、

図 5-3　シュモクバエの一種（マレーシア・ペナン島産）の顔。左右の眼が異様なまでに離れている

突然変異が眼柄を（長くするより）短くしがちであれば、このランナウェイのプロセスが働くことを、理論は予測している。

そして、シュモクバエは、メスの好みにも遺伝的変異があることが実測されている稀有(けう)な昆虫だ。メスの好みだって、やはり進化し得るのだ。

ところで、離れた眼でメスを魅了するに至るには、じつに多くの遺伝子が関係しそうである。単に体を大きくし、眼柄を伸ばすだけではダメ。そこに限られた栄養を回しながらも、熱帯の森でしっかり外敵から逃げ、病原菌と戦い、生き延びねばならない。そう考えると、長い眼柄を持ったオスは、遺伝的な質が全般的に高そうだ。実際、シュモクバエでは、眼の幅の広いオスは、有害な遺伝子を持つ確率が低いことを最近の研究が示している。

その高い遺伝的な質は、息子のみならず娘にも伝わり、子全般の生存力が高まりそうだ。これを「優良遺伝子説」と呼んでいる。つまり長い眼柄は、質の悪いオスにはおいそれとは実現できないようなハンディキャップであり、それを目印にオスを選べば、（息子がモテるに留まらず）子どもたちの遺伝的質を高めることができるわけだ。

しかし、どのメスも最良のオスにすぐさま出会えるわけではない。とりあえずの相手と交尾した後、より遺伝的質の高いオスと出会った場合は、メスは交尾し直して、間接的利益を得ることができる。

このような「やっぱりコッチ」型の再交尾は、ニワトリ、グッピー、キリギリスの一種など、様々な動物で報告されている。コバネハサミムシの場合は、どうなのだろうか？

かぐや姫の失敗？

寄り道が長くなったが、改めて「コバネ問題」に立ち返ろう。メスはオスを選り好むような様子を見せず、頻繁に交尾する。その意義が第一の疑問。

交尾のつど、精子が置換されるが、メスの受精嚢はオス挿入器よりもずっと長いため、いかに「耳かき」挿入器をもってしても、一度の交尾で置換できる精子の割合は二割程度だった。ではなぜ、長〜〜〜い受精嚢を持つのか？　これが第二の疑問だ。

精子置換率が二割ということは、既に別のオスの精子をもったメスと一回だけ交尾した場合、そのオスの精子で受精される子は五匹に一匹だけ。残りは自分の子ではないという計算になる。これでは大した利益が得られないように思われる。しかし詳しく調べてみると、コバネの交尾のカラクリが次第に見えてきた。

野外でコバネは、石の下のくぼみなどで交尾している。この状況を模して、容器の中に六か所のくぼみ（巣穴）を用意し、そこにメス一匹とオス二匹を放して観察した。巣穴にいる一匹のメスをめぐって、二匹のオスが競争できる状況を作ったわけだ。

オス同士が巣穴の中で出会うと相手にハサミを振り立てての激しい闘争が始まり、必ず一方のオスが外に追い出された。二匹のオスが同時に巣穴に収まる様子は、片方のオスがメスと交尾中の状況を除いて観察されなかった。この闘争は、体が大きなオスが勝つ傾向があった。大きなオスの方が、メスのいる巣穴を長時間独占することができたのである。

そして、オスは同じメスと巣穴で何度も交尾を繰り返した。体の大きなオスほど、一度メスと同居したらより多数回交尾していたのである（**図5-4A**）。さらに、交尾回数の多いオスほど、多くの子を残していた。これはタンパク質多型（血液型のようなものと思ってくればよい）を用いて、子の父親を判定することでわかったことだ。

つまりメスをめぐる競争に強いオスは、弱いオスを追い払いながら、出会ったメスと巣穴で繰り返し交尾をすることで、受精嚢中での自分の精子のシェアを高めていたのである。

ここで、このような現象が生じた背景にある、前提条件について確認しておきたい。それは、メスの受精嚢の中で精子の混合が速やかに起こることである。メスと交尾した直後、受精嚢の根元（入り口）部分は、直前の交尾で渡した自分自身の精子に占められている。

これが十分に混合されることなく、交尾を繰り返せば、自分の精子ばかりを掻き出してしまうことになる。しかし、コバネの場合、精子の混合は比較的速やかに起こっており、長い受精嚢の全長に渡って精子が移動していることが確認されている。

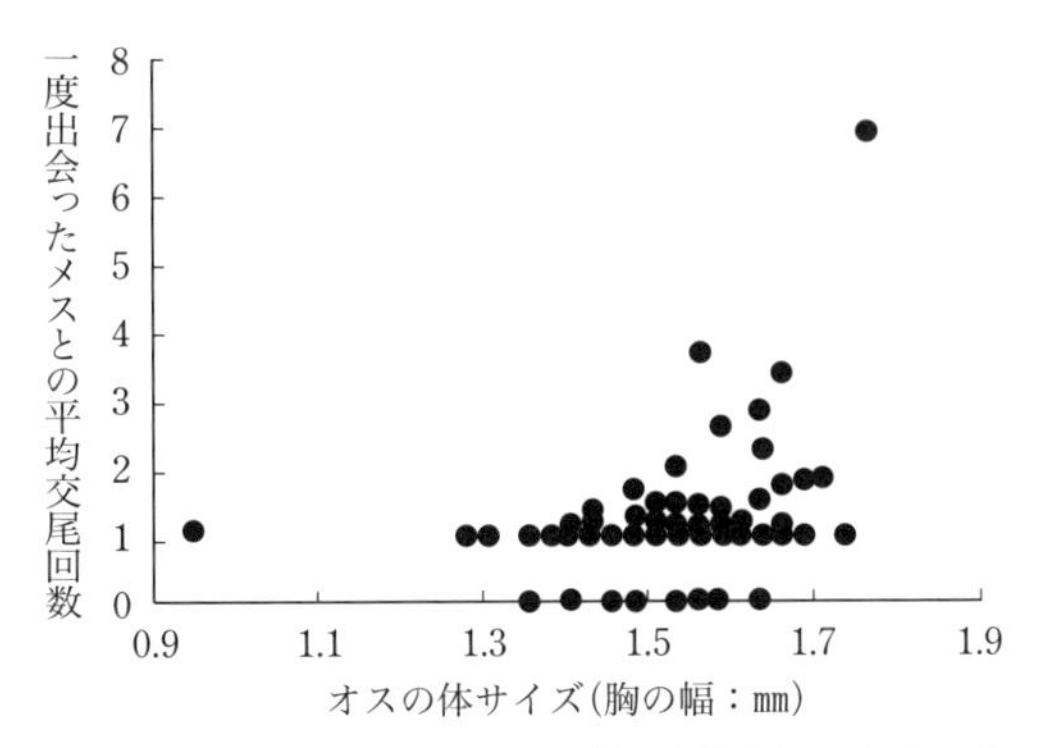

A　コバネハサミムシのオスの体サイズ(胸部幅)と、出会ったメスと繰り返し交尾する回数の関係

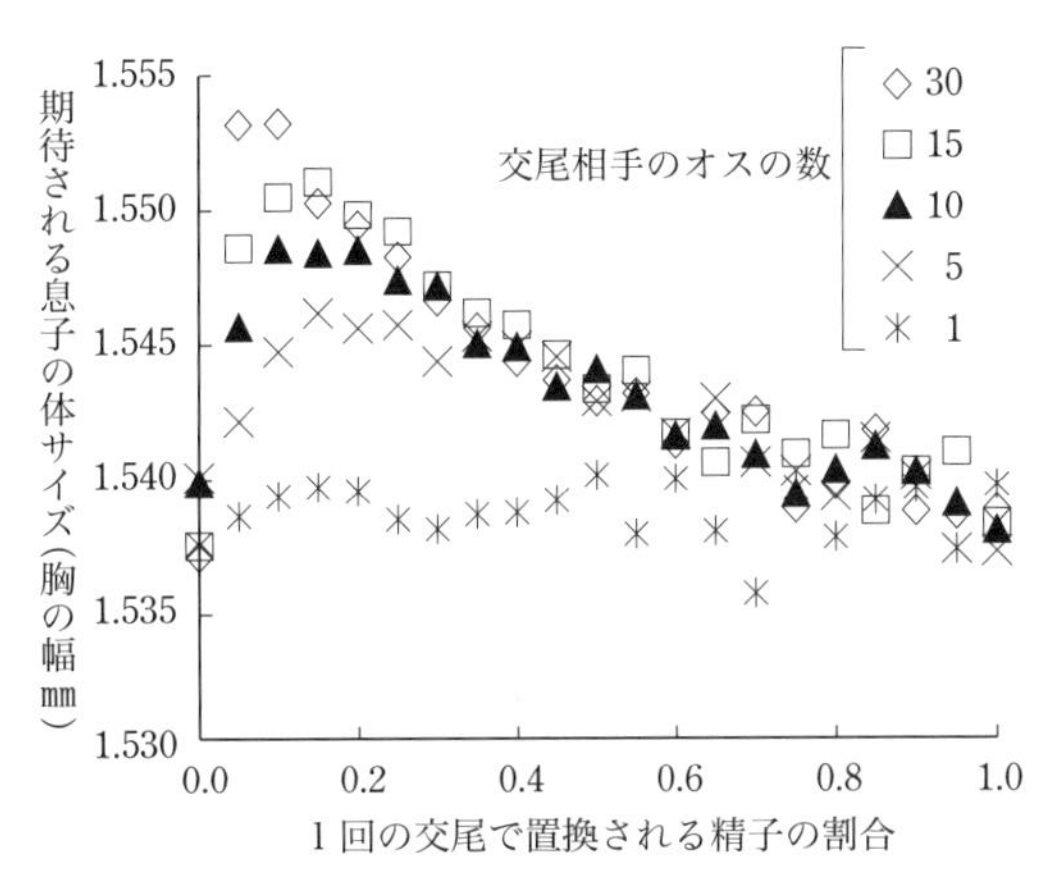

B　シミュレーション結果。2割程度の精子置換率で数匹〜数十匹のオスと交尾すると、大きい息子を得られることがわかる

図 5-4　コバネハサミムシの交尾パターンとシミュレーション結果

では、体が小さいオスはまったく交尾ができないのだろうか？

そんなことはない。ハサミムシの武器であるハサミは、腹部の先についている。ということは、交尾している最中は、この武器が使えない。実際、交尾中の大型オスが小型オスに急襲されてメスを乗っ取られたことがあった。しかし、小型のオスはすぐにまた大型オスに追い出されてしまう運命にあるため、そのメスと繰り返し交尾できる可能性は低い。

コバネのメスはなぜ頻繁に交尾するのか？――この問題を考えるはずだったのに、オスの視点ばかりの話になってしまった。しかし、じつはいつの間にか、謎を解くためのデータはすべて揃っているのだ。

ここで、メスの視点に立ち返ってみよう。コバネのメスは、大きな強いオスと交尾してその子を残せば、その子も大きくなる（体サイズはある程度遺伝することがわかっている）。

しかし、大きなオスと小さなオス、どういう順番で出会うかはわからない。暗く狭い巣穴の中では、オスのサイズを正しく判定できるかどうかもわからない。一体どうしたら、メスは大きなオスからの精子を受精嚢に集めることができるのだろう？

もうおわかりだろうか？　一回の交尾で置換される精子の量を少なくして、あとは何度も交尾を受け入れるだけで良いのである。大きな強いオスは何度も交尾して、少しずつ自分の精子のシェアを高めてくれる。運悪くその後小さなオスに乗っ取られたところで、一回きりの交尾では大した損害は受けない。

オスの交尾パターンのデータに基づき、コンピューター上でシミュレーションした結果、コバネのメスは、数匹〜数十匹のオスとつがう場合、交尾一回あたりの精子の置換率を二割程度に抑えることで最大の遺伝的利益を得られること、すなわち息子の体サイズが最も大きくなることがわかった（図5−4B）。この結果は、まさにコバネの精子置換率の実測値とドンピシャだ。一部の精子の掻き出ししか許さぬメスの長い受精嚢と、無差別で著しい多数回交尾。二つの疑問に一挙に答えを与えることができるのである。

課題が簡単過ぎれば、誰でもクリアできてしまい、能力の差を測ることができない。仮にどんなオスでも簡単に全部の精子を入れ替えることができるような受精嚢を、メスが持っていたらどうなるだろう？　そのメスと最後に交尾をしたオスばかりが、子を残すはずだ。それが「たまたま勝った」小さいオスであっても。逆に、精子の置換が非常に困難で、一度の交尾でその一％程度しか置き換えられないとしよう。この場合、そのメスが「たまたま最初に出会ったオス」の精子が圧倒的に有利になってしまう。

つまり、課題が簡単過ぎるか、難し過ぎれば、勝者の決定は偶然に左右されやすくなる。これは、すべてのコンテストやゲームに共通して言えることだ。適切な難しさの課題を課すことによって、はじめて挑戦者たちの能力の違いを効率的に識別できる。かぐや姫が五人の求婚者に突きつけた超無理難題は、全員拒否のためならＯＫだが、配偶者の質を見極めるためには不適切というわけだ。

白状すると、実験に明け暮れていた学生時代は、この単純なロジックに気がつかなかった。就職して一人暮らしを始めた埼玉の町。朝の横断歩道を渡っているとき、突然に気がついたのだった。アイデアはいつわいてくるかわからない。しかし、常に頭の片隅を占めているからこそ、ある時にポロッと転がり落ちてくるような気がする。

メスはひそかにオスを選ぶ

隠遁生活者であるコバネハサミムシのメスは、求愛者を拒まず受け入れ、特殊な受精嚢を持つことで、大型オスの精子を「選んで」いた。オープンな場所で交尾するシュモクバエのメスがその目で見て、気に入ったオスを選んで交尾するのとは対照的である。

いま、「精子を選んだ」という表現を用いたが、これは果たしてオーケーなのか？

メスが交尾前ではなく、交尾開始後に精子またはパートナーを選ぶことを「メスによる隠れた選択（Cryptic female choice）」と呼んでいる。略してＣＦＣだ。

気に入らないオスとの交尾は、中断する、もらった精子を吐き出す、すぐに別の相手を探す、妊娠しない……などなど、ありとあらゆるＣＦＣの可能性を探究し、それを支持する証拠を集めたのは、コスタリカ大学のウィリアム・エバーハード氏だ。彼の大著は交尾器研究者のバイブルとなっている。

運動能力の高い精子だけが到達できるような場所に卵を隠しても、「精子を選べる」。ＣＦＣでは、メスはその神経系を駆使して意識的に精子を選ぶ必要はないのである。

さて、「イヤよイヤよも、好きのうち」という言葉がある。オスに対してメスは「イヤイヤ」を進化させることを見てきたが、本当に交尾コストを避けるためだけに対抗しているのだろうか？　たとえば、アメンボのメスの突起の例を思い出してほしい（図5-2）。スウェーデンとカナダの研究グループは、アメンボの一種を用いて、この突起を切除する実験を行った。すると予想通り、メスの交尾回数が増加した。うまく「イヤイヤ」できなくなったのだ。

おもしろいのは、逆の実験も行われたことだ。すなわち、樹脂を継ぎ足してメスの突起を長くしたのだ。すると、交尾頻度は確かに減ったが、それでも交尾に成功したオスがいた。

もうおわかりだろうか？　じつはメスの「イヤイヤ」は、その困難を乗り越えることができる優れたオスを自動的に選んでしまうのである。オスの能力の差に遺伝的な要素があれば、それは交尾能力に優れた息子を持つことにつながるわけだ（ちなみに、いかなるオスも交尾できないくらい嫌がるメスの遺伝子は、子孫に伝わらない）。

これ以上の議論は専門書にゆずるが、本当にイヤなのか、イヤがることでオスを選んでいるのか、この二つの仮説をどのように識別すれば良いのか？　論争が続いている。
カブトムシは、未交尾のメスでさえも、執拗にオスを嫌がることが多い。その理由、誰か夏休みの自由研究で調べてくれないだろうか？

奥が深い「かみ合わせ」の謎

メス視点でもう一つ、根本的な問題を考えてみよう。そもそも、どうしてオス・メスの交尾器はうまくかみ合うのだろうか？「かみ合わなければ交尾できないのだから、当然でしょ」と、思われるかもしれないが、そんな単純な話ではないのだ。

オスの立場からは理解しやすい。これまで見てきたように、通常、メスが望む以上に、オスは交尾に積極的である。逃げようとするメスをしっかり把握するため、あるいは交尾中に他のオスが邪魔しに来てもメスの背中から振り落とされないよう、メスの交尾器をしっかりつかむ交尾器（時にはそれで傷つけちゃうほど！）を持つことは有利になるだろう。

難しいのはメスの立場からの考察だ。ショウジョウバエ類のメスの交尾器は、全体に柔軟な膜質部分が多いが、よく観察すると、オスの交尾器をうまく受け止めるようなポケットが発達していることが多い。このような形態が、「何の意味もなく」進化したというのは無理がある。メスにとっても、オスの交尾器に「かみ合う」ことに、何らかの適応的意義があると考えた方が良さそうだ。その意義を探るには、「かみ合わせが悪いと、何が起きるか？」を観察するのが早道だろう。そこで僕は、ヤクバショウジョウバエ（以下、ヤクバ）とサントメアショウジョウバエ（以下、サントメア）という近縁な二種のハエを利用することにした。

どちらも熱帯アフリカのハエであるが、サントメアはアフリカ西海岸のサントメ島の標高の高いところに限って棲（す）んでいる。この島の低地にはヤクバが生息しており、中間域では両者が混在し、種間雑種も見つかる。ヤクバのオスは精子を渡すエデアグスの腹側に一対の鋭いトゲを持ち、メスはこのトゲを受け止める一対のポケットを持っている。サントメアのオスの交尾器にはトゲがなく、メスもポケットを欠いている（図5-5）。

実験室内でも、この二種類は容易に種間交尾する。トゲありのヤクバのオスを、ポケットなしのサントメアのメスにかけ合わせると……通常ならば交尾を終えてメスから飛び降りるはずのオスが、メスにつながったまま、もがき続けているではないか！（図5-6）

ポケットがない所にトゲが深く刺さるため、なかなか抜けなくなっているものとはじめは考えた。しかし、違った。交尾中のペアを瞬間固定して見たところ、ヤクバのエデアグスは、サントメアのメスの生殖管に入っていないことが多いのである（図5-6）。

しかも、ヤクバのオスはその状態で体外へと精液を出してしまう。体外に放出された精液はすぐに乾燥して固まり、オスとメスの腹部を接着剤のように固めてしまっていたのだ。そ

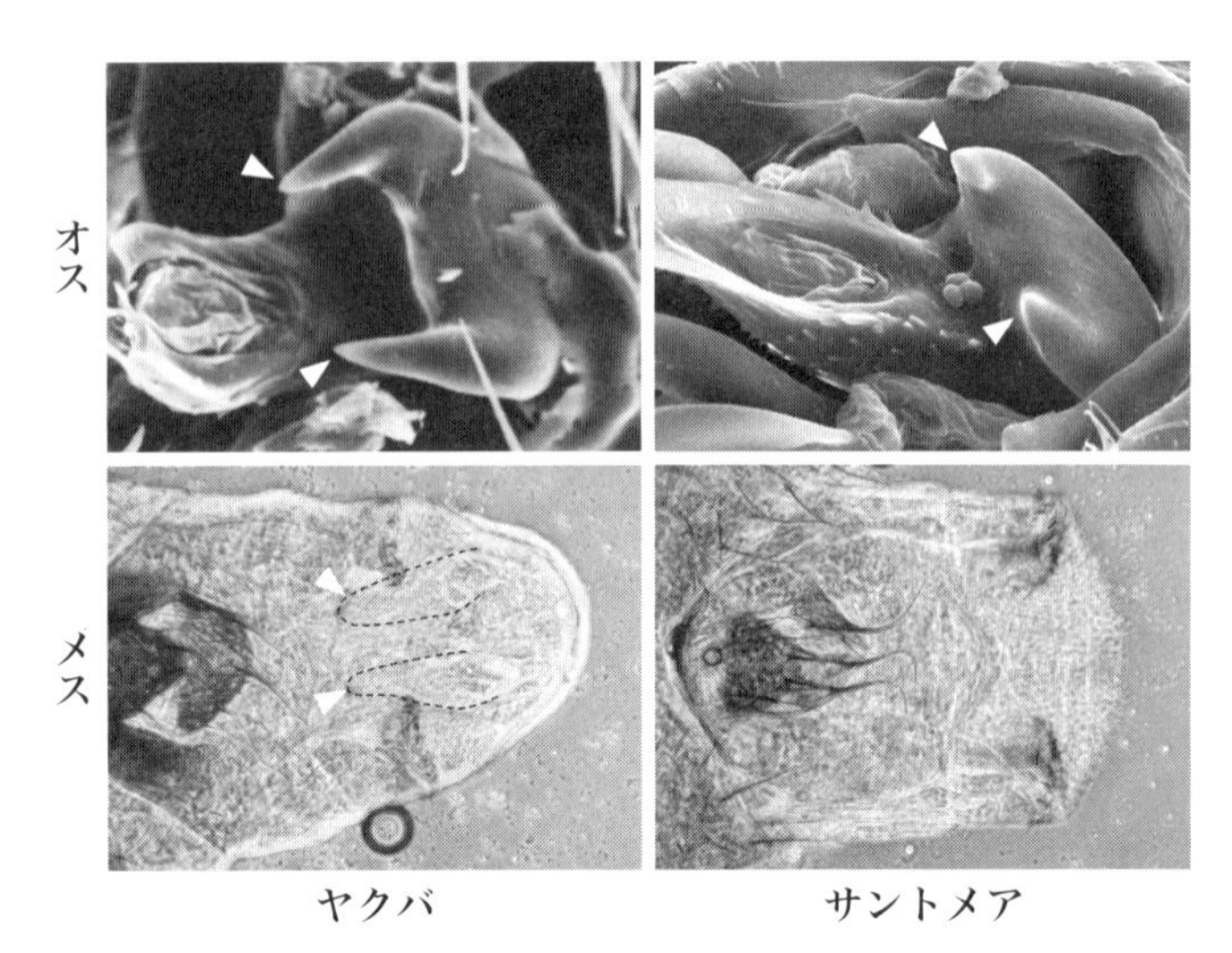

図 5-5　ヤクバショウジョウバエとサントメアショウジョウバエの雌雄交尾器。ヤクバのオスには鋭いトゲ(矢印)があり、メスにはそれを受け止めるポケットがある(矢印)。サントメアのオスにはコブしかなく(矢印)、メスもポケットを欠く

のため、やっとのことで離れてヘトヘトになった(ように見えた)オス・メスいずれかの体表に、白く固まった精液の塊を見ることができた。

「雌雄の交尾器は、なぜうまくかみ合うのか?」という疑問は、古くから多くの自然観察者の興味の対象だった。その最も古典的な説明は「鍵と鍵穴説」である。交配できない、もしくは交配しても繁殖能力のある子孫が得られない時、通常それを別種としている。つまり、種間交尾では、交尾をしても子孫が生まれてこないか、たとえ雑種が生まれたとしても生存

力が低かったり、不妊となる場合が多い。実際にヤクバとサントメアの雑種オスは不妊である。このような「無駄な種間交尾」のコスト（繁殖干渉と呼ぶ）を避けるため、種ごとに異なった交尾器を持っており、メス交尾器（鍵穴）にうまくかみ合うオス交尾器（鍵）を持った個体を「同種」として認識する。これが、「鍵と鍵穴説」の考え方である。

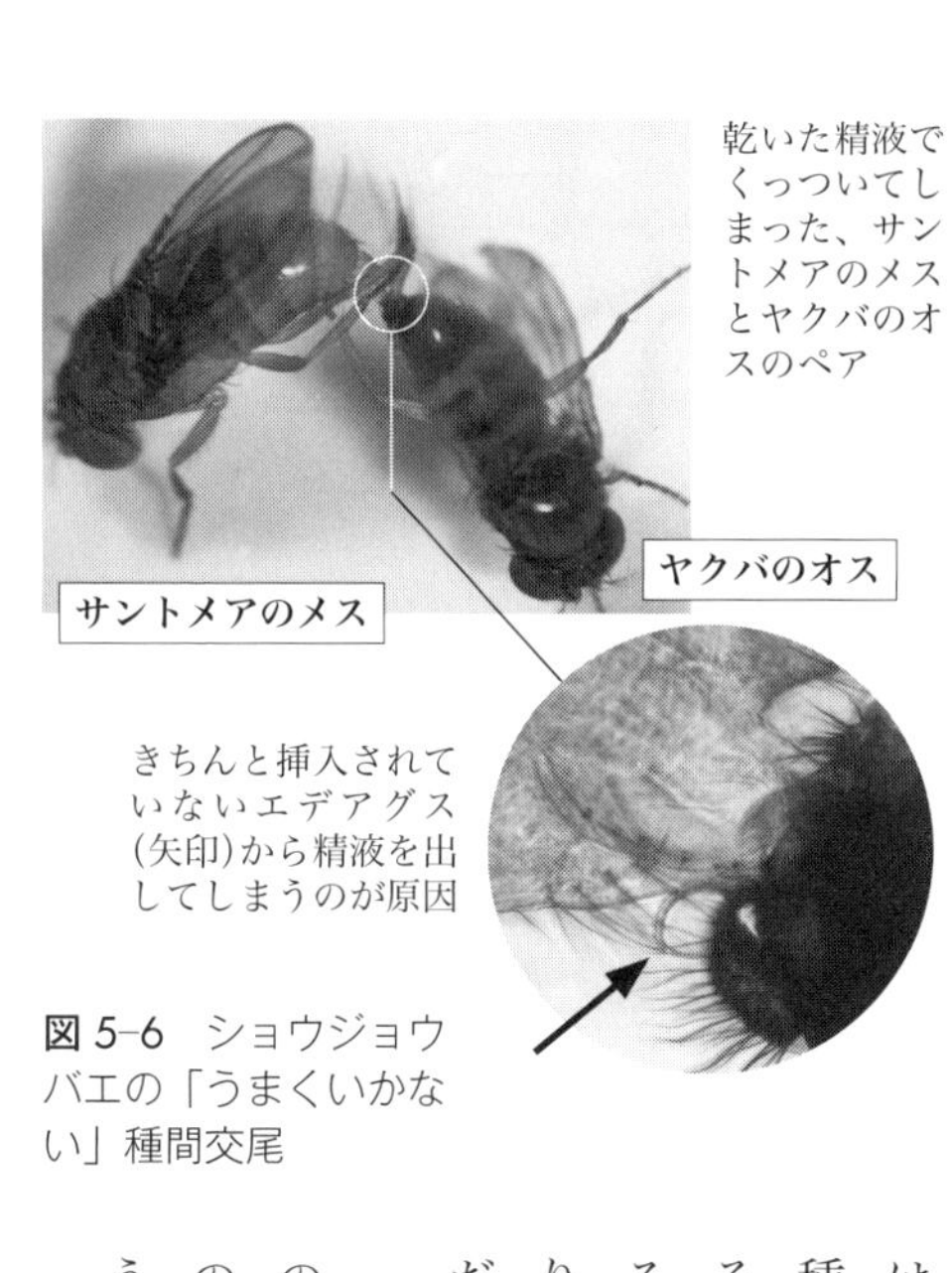

乾いた精液でくっついてしまった、サントメアのメスとヤクバのオスのペア
ヤクバのオス
サントメアのメス
きちんと挿入されていないエデアグス(矢印)から精液を出してしまうのが原因

図 5-6 シヨウジヨウバエの「うまくいかない」種間交尾

ところが、ヤクバ－サントメアの場合はどうだろう？かみ合わせが悪くても種間交尾は生じてしまい、それどころか、そのかみ合わせの悪さによって、さらなる交尾のコストをこうむっている。つまり、「鍵と鍵穴説」では説明できないのだ。

繁殖干渉を避けるための「鍵と鍵穴」の進化は、直感的にわかりやすい発想なのだが、現在までにこの説を支持するような証拠はあまり多くないのである。

次に僕は、種間交尾（＝かみ合わせの悪

い交尾）と種内交尾（＝かみ合わせの良い交尾）の間で、メス交尾器に傷がつく確率を比較してみた。この実験では、オスの交尾器に直径一〇〇〇分の一㎜の蛍光ビーズを塗布してから交尾させるという工夫を施した。メスに傷がつけば、かさぶたの中にビーズがトラップされ、その蛍光で容易に検出できる仕掛けである。

ビーズのサイズは、ショウジョウバエの多くの病原体（昆虫だって、汚いもので傷をつけられれば、病気になるのである！）を模しているので、創傷による感染リスクを測定することも兼ねた。

結果は、意外なものだった。どちらの種類のメスも、異種オスと交尾した場合に、より高い確率で傷を受けていたのである！　サントメアのオスは先の丸まったコブを持つに過ぎないのだが、それでもかみ合わせの悪い相手に対しては、傷を負わせるようだ。

その後、別のショウジョウバエ二種の種間雑種を用いた研究でも、オス交尾器の形や大きさが「普段の交尾相手」と異なるほど、メスに頻繁に傷がつくことが判明した。きちんとかみ合う交尾器を持つことが、メスにとっていかに重要かがわかる。

これらの結果が示すのは、交尾器の進化を巡る性的対立の重要性である。先に紹介したアメンボの例のように、交尾をめぐる利害の不一致は、オスとメスの間で拮抗的共進化あるいは軍拡競走と呼ばれる現象を引き起こす。交尾の際、自分の子が優先的に残るようメスにコストを課すオスに対して、メスはそのコストを軽減させるような対抗策を進化させる。オス交尾器にうまくフィットし、傷を最小限に抑えるようなメス交尾器が進化することは、そのような共進化の一例と考えることができる。

さらなる深みへ

ヤクバショウジョウバエのメスに見られるポケット。それはオスのトゲによる傷つけコストを抑えるための対抗適応と考えられた。しかし、この見方に賛成しない研究者もいる。先に紹介した交尾器進化の大家、エバーハードである。「ここを刺してくれ」と言わんばかりの柔軟なポケットは、オスによる傷つけに対する抵抗ではなく、「良いオスの精子を選ぶための感覚器官ではないか?」と言うのだ。

トコジラミやフタクシショウジョウバエのように傷口が精子の取り入れ口になっている昆虫の場合、メスは傷を受けない限り、子が残せない。しかしそうでないなら、メスは傷がつかないように、その部分を硬いシールドで防衛した方がいいのではないだろうか?

この疑問に答えるべく、僕は最近、メス交尾器の各部を細い針で人為的に傷つける実験を行った。材料は *Drosophila erecta* というショウジョウバエ。メス交尾器に柔軟なポケットと硬いシールドの両方を持つのが特徴の、僕の秘蔵っ子だ(図5-7)。ポケットの方は例によって交尾中にオス交尾器に刺されて傷がつくが、シールドにかさぶたは見当たらない。

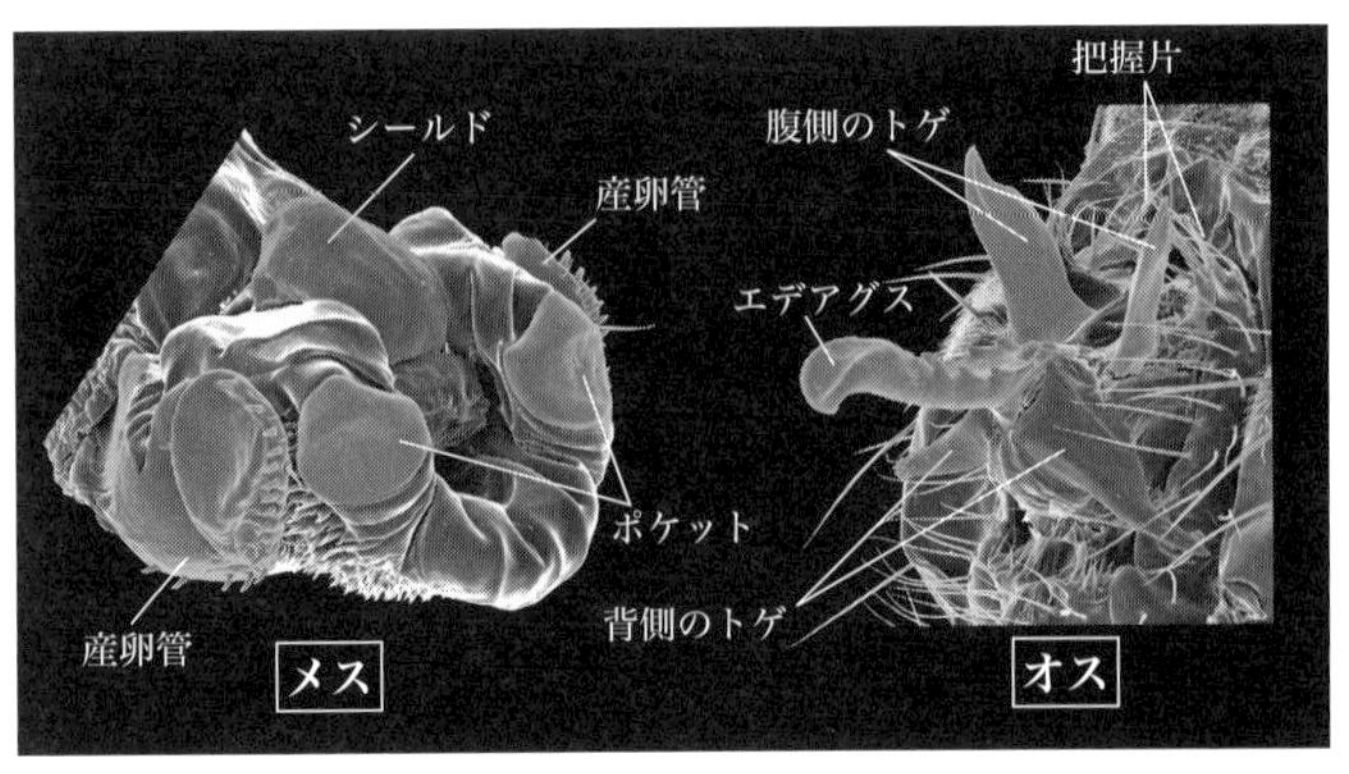

図 5-7　ショウジョウバエの一種 *Drosophila erecta* の雌雄交尾器。メスはオスのエデアグスのトゲを受け止める硬いシールドと、背側の突起が刺さる柔らかいポケットを持つ。オスの腹側突起はシールドの両脇を刺し、把握片が産卵管を抱きかかえる

実験の結果、既に交尾済みのメスのシールドに傷つけを行った場合、ポケットを傷つけた場合に比べて生存率が低下し、卵をうまく培地に埋め込むこともできなくなった。なかには、シールドについたかさぶたの部分で、卵がつっかえた状態で死んでいるメスもいた。くぼんだポケットにかさぶたができても、卵の通過を邪魔するようなことはないようだ。

メスはポケットを発達させることで、その後の産卵を妨害しない場所へと傷つけを誘導している！　そう解釈できる結果だ。オスによって課される交尾のコストに対して、メスはいつでもあらがえるわけではない。時には「うまく耐える」という進化も起きるのである。

意外だったのは、産卵管の先端を傷つけた

結果だった。この部分を傷つけても、生存率はほとんど影響を受けないが、交尾成功率が劇的に低下した。産卵管の先端部の形は、近縁種間で目立った違いはない。交尾中にそれを把握する、オス側の構造もまた然りだ。

ショウジョウバエの多くの種は、発酵した果実などに産卵する。似たような環境に産卵している限り、メスの産卵管は大きく変化しないだろう。そして、それに対応するオス交尾器のパーツも。このような「安定」部分こそが、交尾器のかみ合いにおいて重要である可能性をこの実験結果は教えてくれた。

交尾器の研究では、どうしても種間の違いに目が行きがちになる。これは自分にとっても盲点だった。昆虫のメスの交尾器は、卵をうまく受精させ、体の後ろへ送り、産むという機能を兼ねている。全体をガチガチに硬くして傷を防ぐなど、無理な相談だ。時に理論先行となる性淘汰の論争では、こんな当たり前の「現実」が置いてきぼりになるようだ。思い込みを捨てて、何でも実験してみることが重要だ。

オス、メス、とりかえ

本章で見てきたように、「メスの視点」は交尾器の進化を理解するのに欠かせない。しかし、柔軟で観察の難しいメス交尾器は、十分に研究されているとは言えない。最近の論文の傾向を分析した報告でも、メスの交尾器を扱った研究はまだまだ少なく、オスへのバイアスが解消されていないと指摘している。

本書を締めくくる前に、メスの重要性を教えてくれる、とっておきの昆虫を紹介しよう。その名も、「トリカヘチャタテ（とりかえ）」。何とこの昆虫、メスがペニスを持っているのだ！

チャタテムシは、身近だが一般にはあまり知られていない昆虫だ。お菓子や穀物などを、少し湿った場所に貯蔵しておくといつの間にか小さな虫がわいてくるが、かなりの確率でそれがチャタテムシだ。しかしすべてが害虫というわけではなく、多くの種類は野外で枯葉に生えたカビなどを食べ、ひっそりと暮らしている。

トリカヘチャタテは、ブラジルの限られた洞窟（どうくつ）だけに棲んでいる。このムシの驚きの生態を二〇一四年に報告したのは、チャタテムシを専門とする昆虫の系統進化のエキスパート、吉澤和徳さん（北海道大学）だ。北大時代、お向かいの研究室にいた縁もあり、僕もお手伝いさせてもらっている。

メスペニスがどのように使用されるのか？　吉澤さんの指揮によって、この昆虫の第一発見者、ラブラス連邦大学（ブラジル）のフェレイラ教授は、洞窟内でこの昆虫の交尾を固定した。お湯を沸かして、熱湯で固定したのだ。そのサンプルを見てみると……メスがオスの上になり、メスペニスを見事にオスに挿入して交尾していた！（図5-8）

図 5-8　トリカヘチャタテが棲むブラジルの洞窟（右）と、交尾中のトリカヘチャタテの一種のペア（上）

これまで四種が報告されているトリカヘチャタテだが、メスペニスの構造は種ごとに異なり、多くのトゲ束を備えた種類もあれば、シンプルなものもある（**図5-9**）。

驚いたことに、オスの側にはペニスにあたる構造は一切なく、その代り、メスペニスのトゲ束を受け止めるポケットがある。傷こそ見つかっていないが、ショウジョウバエで観察された現象が、オスとメスを入れ替えた状態で観察されるのだ！

なぜこのような逆転が起きたのだろうか？　その秘密を探るため、二〇一六年三月、吉澤さんと僕は地球の裏側へとやって来た。広大なサバンナをひたすらドライブの末にたどり着いたブラジルの洞窟は、古代の人骨や壁画の残る、乾いた環境だった（**図5-8**）。食物となり得るのは、コウモリや齧歯（げっし）類の糞くらいである。

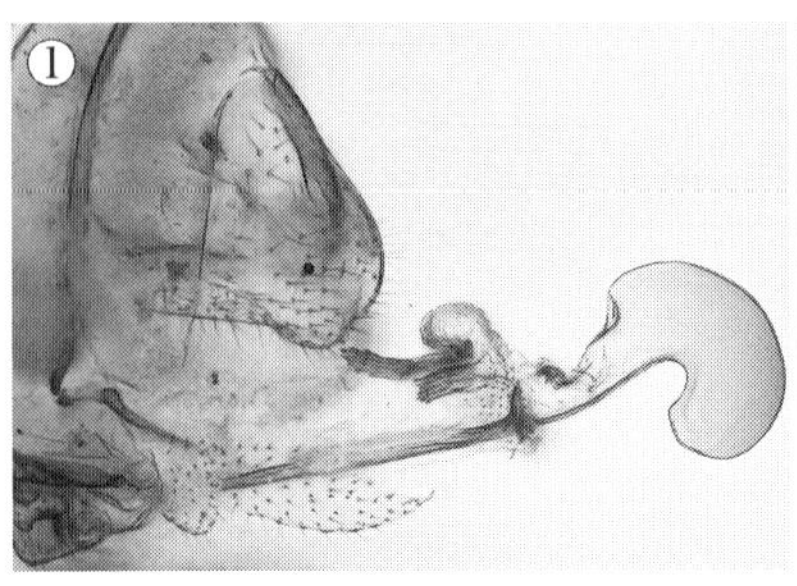

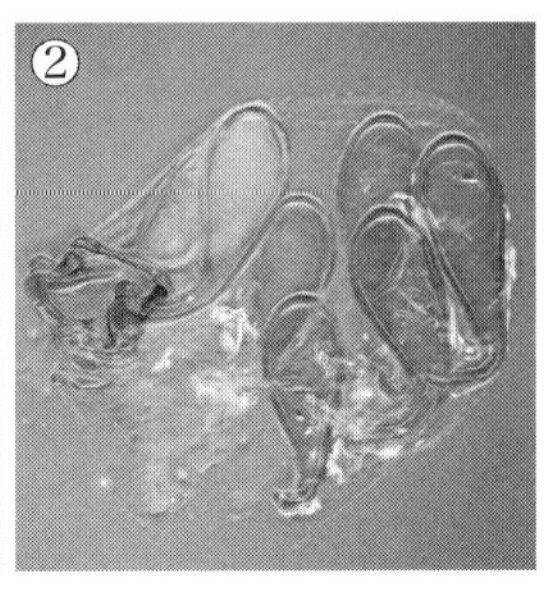

図5–9　①不思議な形をしたトリカヘチャタテの一種のメスペニス　②メスの受精嚢に入っていた多数の巨大精包

そんな環境に棲むトリカヘチャタテの交尾時間はとても長く、平均五〇時間にも及ぶ。その間、精子を含む巨大な精包がオスからメスへ渡される（**図5–9**）。しかも、メスはその巨大な精包を二つ同時にキープできるような新しい構造を受精嚢に進化させている。

ここでもう一度、「オス・メスの原則」を振り返ってみよう。オスはたくさんのメスとつがえば子孫が増えるが、通常、メスは頻繁に交尾をしたところで子孫の数は増えない。そしてこれが、一般にメスよりもオスがより交尾に積極的である理由であった。

ところが、オスが精子だけでなく、大量の栄養物質も併せてメスに与える場合、話が変わってくる。メスはたくさん交尾するほど子の数が増え、逆にオスは栄養補給のため、次々複数のメスと交尾することは難しくなる。さらにオスの投資が大きくなると、雌雄の性的な役割が逆転するという現象が起きてくるのだ。すなわち、オスの獲得を巡って、メス同士が競争するケースが出てくるのである。

トリカヘチャタテは貧栄養の洞窟に棲み、オスからの栄養（巨大精包）は、メスにとってとても重要だろう。これが、雌雄逆転の鍵だとにらみ、現在研究を進めている最中だ。

ちなみに、トリカ「ヘ」の名は、男女を入れ替えた状態で育てられた姉弟が主人公の日本の古典『とりかへばや物語』に因み、吉澤さんが命名したもので、誤植ではない。

「ペニスを持ったメス」の発見は、ＳＮＳやニュースを通じて大きな混乱を巻き起こした。「ペニスを持っているのならば、そっちをオスと呼ぶべきなのではないか？」と。この理屈が間違っていることは、本書を読んでくれた皆さんならおわかりだろう。

ちなみに、これほどの大発見に対して、日本の大手マスコミの反応は、概して冷ややかだった。「朝刊にペニスはそぐわない」と言われたそうだ。ゴシップは書いても、性を科学的に考える機会は提供しない。やれやれ、である。

ブラジルの広大な大地ですら手つかずの自然が少なくなっていることを、この三〇〇〇㎞のドライブでは実感した。トリカヘチャタテのような生物の本質を考えさせてくれる昆虫が、誰にも知られぬままに地球から消え去ることも起こりうる。

交尾器の研究は、すべての名もなき昆虫たちにも熟考の価値があることを教えてくれる。

あとがき

昆虫の交尾の味わい深さ、ご堪能いただけただろうか？

生物学は、まずその形を見ることから始まった。「形態学」は古い学問だ。その後、生化学や分子生物学の隆盛を経て、近年はまた「形」の研究が見直され始めている。分子研究は多様性理解の時代へと入り、生き物たちの形の違いを遺伝子レベルで理解することも可能になってきた。同時に、ＣＴスキャンやレーザー光線での微細手術など、形を「見る」「いじくる」ためのツールも、急速に充実しつつある。交尾器研究も、その「形の科学のルネッサンス」の流れのなかにある。

しかし、昆虫の交尾器研究の本質的なおもしろさは、顕微鏡など最低限の器具があれば、工夫次第で誰でも謎解きができることにあると僕は思っている。

たとえば、オオハサミムシの左ペニスは使用可能か？　お金と時間を費やしてＤＮＡを調べても、はっきりとした答えはでないだろう。ところが手術で右ペニスを除去すれば（慣れれば肉眼でも可！）、アッと言う間にパズルは解ける。小学生にだって大発見ができるのだ。

しかし、交尾器研究では、どうしてもある程度の数の個体は殺さなければならない。その死を無駄にしないよう、最小限の個体から最大限のデータを引き出し、何より成果をきちんと発表していくことが大事だと考えている。

「多様な暮らしぶりを映す鏡であり、オスとメスのせめぎ合いのなかに揺れる」――本書で見てきたように、これが交尾器の多様化の主因だろう。しかし、その形の謎に美しい説明が与えられている昆虫など、一握りもない。もっともっと多くの「形」から、そこに秘められたストーリーを聞き出せるようになれば、「生物多様性」という言葉の意味も、違ってくるはずだ。新しい研究対象、新しい研究手法を開拓し続けていかなければならない。

限られた紙面で謎解きのプロセスを紹介したため、本書で紹介できなかった研究・文献が多数ある。これらについては、雑誌「昆虫と自然」(ニュー・サイエンス社)の二〇一七年一月号に、交尾器進化の特集が組まれているので、参考にしていただきたい。

紹介した僕自身の研究も、決して一人の成果ではない。お名前をここにすべて挙げていくことはできないが、在学中、各職場で、留学先で、お世話になったすべての皆さんに感謝したい。また、「昆虫の交尾は味わい深い」と、見事に総括した岩波書店編集部の塩田春香さんのご尽力と、本書と同じ科学ライブラリーの大ヒット作『クマムシ?!――小さな怪物』の著者である鈴木忠さんの助言なしでは、この本は完成しなかった。そして、毎日のようにフラフラと採集して歩いている僕を世話してくれる家族にも、ありがとう。

図版の出典・参考文献

図版の出典

口絵 D：Kamimura Y (2008) Insectes Sociaux 55：51–53 より改変

図 1-3 ③：Sturm H (1956) Zeitschrift für Tierpsychologie 13：1–11 より作成

図 1-4 左：Grandi M (1940) Bollettino dell'Istituto di Entomologia della Universita degli Studi di Bologna 12：1–62 より作成．中・右：Brinck P (1957) Opuscula entomologica 22：1–37 より作成

図 1-7：河合正人氏提供

図 2-6：Snodgrass RE (1947) Smithsonian Miscellaneous Collections 104：2–89 より作成

図 2-8：安達卓氏提供

図 3-2 ① ②：Kamimura Y (2015) What is indirect cryptic female choice? Theoretical considerations and an example from a promiscuous earwig. In：Peretti AV, Aisenberg A (eds) Cryptic Female Choice in Arthropods – Patterns, Mechanisms and Prospects. Springer. pp. 255–283 より改変

図 3-2 ③，図 3-4 右：Kamimura Y (2000) Zoological Science 17：667–672 より改変

図 3-3 下，図 5-4：Kamimura Y (2013) Animal Behaviour 85：377–383 より改変

図 3-4 左：Kamimura Y (2003) Journal of Ethology 21：29–35 より改変

図 3-5：Kamimura Y (2006) Journal of Morphology 267：1381–1389 より改変

図 3-6：Kamimura Y (2014) Entomological Science 17：139–166 より改変

図 4-1，図 4-2，図 4-8：Kamimura Y (2007) Biology Letters 3：401–404 および上村佳孝・三本博之 (2011) 低温科学 69：39–50 より改変

図 4-5，図 4-6：Kamimura Y et al. (2014) PLoS ONE 9：e89265 より改変

図 4-7：Kamimura Y (2010) Zoomorphology 129：163–174 より改変

図 5-5：Kamimura Y (2012) Behavioral Ecology and Sociobiology 66：1107–1114 より改変

図 5-6：Kamimura Y, Mitsumoto H (2012) Entomological Science 15：197–201 より改変

図 5-7：Kamimura Y (2016) Evolution 70：1674–1683 より改変

図 5-8 上，図 5-9：Yoshizawa K et al. (2014) Current Biology 24：1006-1010 より改変

表 1・表 4 カバーイラスト，目次イラスト，各章見出しイラスト，図 1-3 ③，図 1-4 右，図 1-5 上，図 1-6，図 2-1 ①：大片忠明

哺乳類の交尾器：Simmons MN, Stephen Jones J (2007) Journal of Urology 177 : 1625-1631 および Anderson MJ (2000) International Journal of Primatology 2000 : 815-835 より作成

哺乳類のシルエット：agrino, basel101658, captainvector, vukam, farinosa／123RF

参考文献

上村佳孝・林文男・松村洋子・山田量崇・奥崎穣 (2017) 特集 交尾器の進化生物学．昆虫と自然(ニュー・サイエンス社)52(1)：2-20［本書でとりあげきれなかった，日本の昆虫交尾器研究の多くを紹介］

メノ・スヒルトハウゼン［著］，田沢 恭子［訳］(2016) ダーウィンの覗き穴 性的器官はいかに進化したか．早川書房．［昆虫以外の面白い事例についても詳しい］

吉澤和徳(2015)メスペニス発見の経緯と進化学へのインパクトおよび昆虫の交尾ペアの観察手法の紹介．昆蟲(ニューシリーズ)(日本昆虫学会) 18：8-16［トリカヘチャタテの顚末記．交尾中の昆虫ペアの新しい観察法も紹介］

曽田貞滋［編］(2013)新オサムシ学―生態から進化まで (環境 Eco 選書)．北隆館．［オサムシの雌雄交尾器の進化について詳しい］

粕谷 英一・工藤 慎一［編］(2016)交尾行動の新しい理解―理論と実証．海游舎．［最新の性淘汰の理論に詳しい．専門的に学びたい人向け］

Eberhard WG (1985) Sexual Selection and Animal Genitalia. Harvard Univ. Press.［交尾器進化に関する膨大な事例を集めた，研究者のバイブル］

Eberhard WG (1996) Female control：sexual selection by cryptic female choice. Princeton Univ. Press.［同上］

Rice WR, Gavrilets S (eds) (2014) The genetics and biology of sexual conflict. Cold Spring Harbor Laboratory Press.［性的対立に関する専門的論文集］

Shuker DM, Simmons LW (eds) (2014) The evolution of insect mating systems. Oxford Univ. Press.［昆虫の交尾行動の進化に関する専門書］

研究助成

なお，本書に紹介した自らの研究および本書の執筆については，科学研究費補助金（No.02404, 16770017, 19770046, 22770058, 15K07133［以上，本人代表］，15H04409［吉澤和徳氏代表］）の補助を受けた．

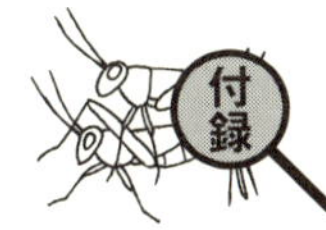

昆虫の交尾器・精子を見てみよう！

コオロギのオスが作る精包は、いわば使い捨ての交尾器。
虫も殺さず、その精巧な不思議を超手軽に観察できる。

準備するもの

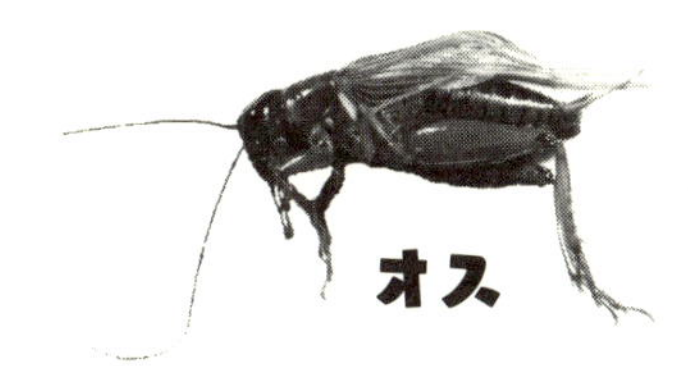

フタホシコオロギはペットショップで入手可能（1匹数十円）。ここで紹介する観察には、**オスの成虫だけ調達すればOK**。オスには産卵管がないので、簡単に見分けることができる。

必要な道具

手順①

オスの腹部を軽く押し、**腹端の精包（白、古くなると茶色）をピンセットでつまみとる。**この精包は次の交尾のためにオスが準備しているもの。交尾直後は、まだ準備できていないことがあるので、**一晩メスから離しておけば、より確実に見ることができる。**

手順②

ガラス皿に水道水を1滴たらし、精包をおいて観察。背景は黒がよい。（精包の構造と機能については、第1章参照）

チューブ

精子のカプセル　接着板

手順③

接着板から先のチューブを、ピンセットで折ってみよう。精子が放出されてくるのが観察できる。

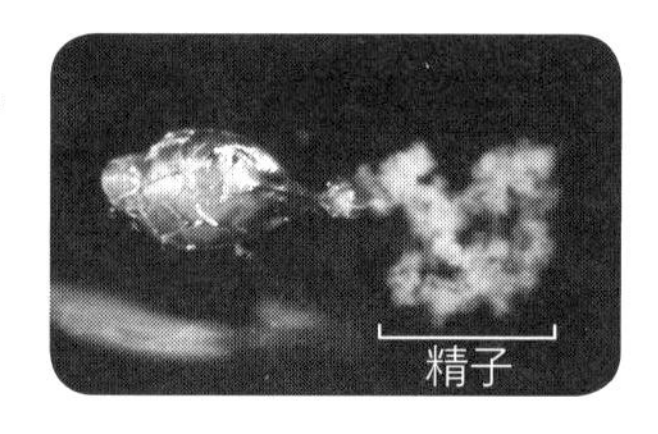

発展

実体顕微鏡があれば、虫メガネよりくわしく観察できる。**光学顕微鏡**もあれば、精子1本1本まで見られるだろう。

オスメスを一緒にすれば、**求愛・交尾**の様子も観察可能。

交尾後、メスの体内でも精包チューブが折れることで精子が放出されるはずだが……。

どうやって？　破片はどうなる？　じつは、わかっていない。

こんな身近なところにも、研究テーマは転がっているのだ！

上村佳孝

慶應義塾大学商学部准教授。1976 年生。多摩川で魚やトンボを追いまわして育ち、自然と知恵比べするおもしろさを矢口高雄先生の『釣りキチ三平』から学ぶ。大学受験の頃からハサミムシにハマり、飼育歴 20 年。東京都立大学(現、首都大学東京)理学部生物学科卒業(動物生態学研究室)。同大学院博士課程単位取得退学。博士(理学)。立正大学地球環境科学部助手、北海道大学大学院農学研究院助教などを経て、2013 年より現職。昆虫の交尾器・繁殖の進化研究を続けながら、文系学生を対象とした生物学教育に携わる。2012 年度にはマレーシアに 1 年間留学。最近は魚熱が再燃し、魚の交尾器(っぽい構造)が気になって仕方ない。というわけで、現在の趣味は極力シンプルな釣りと投網打ち。

岩波 科学ライブラリー 264
昆虫の交尾は、味わい深い…。

2017 年 8 月 10 日 第 1 刷発行
2018 年 10 月 5 日 第 4 刷発行

著 者 上村佳孝(かみむらよしたか)

発行者 岡 本 厚

発行所 株式会社 岩波書店
〒101-8002 東京都千代田区一ツ橋 2-5-5
電話案内 03-5210-4000
http://www.iwanami.co.jp/

印刷・理想社 カバー・半七印刷 製本・中永製本

ISBN 978-4-00-029664-9 Printed in Japan

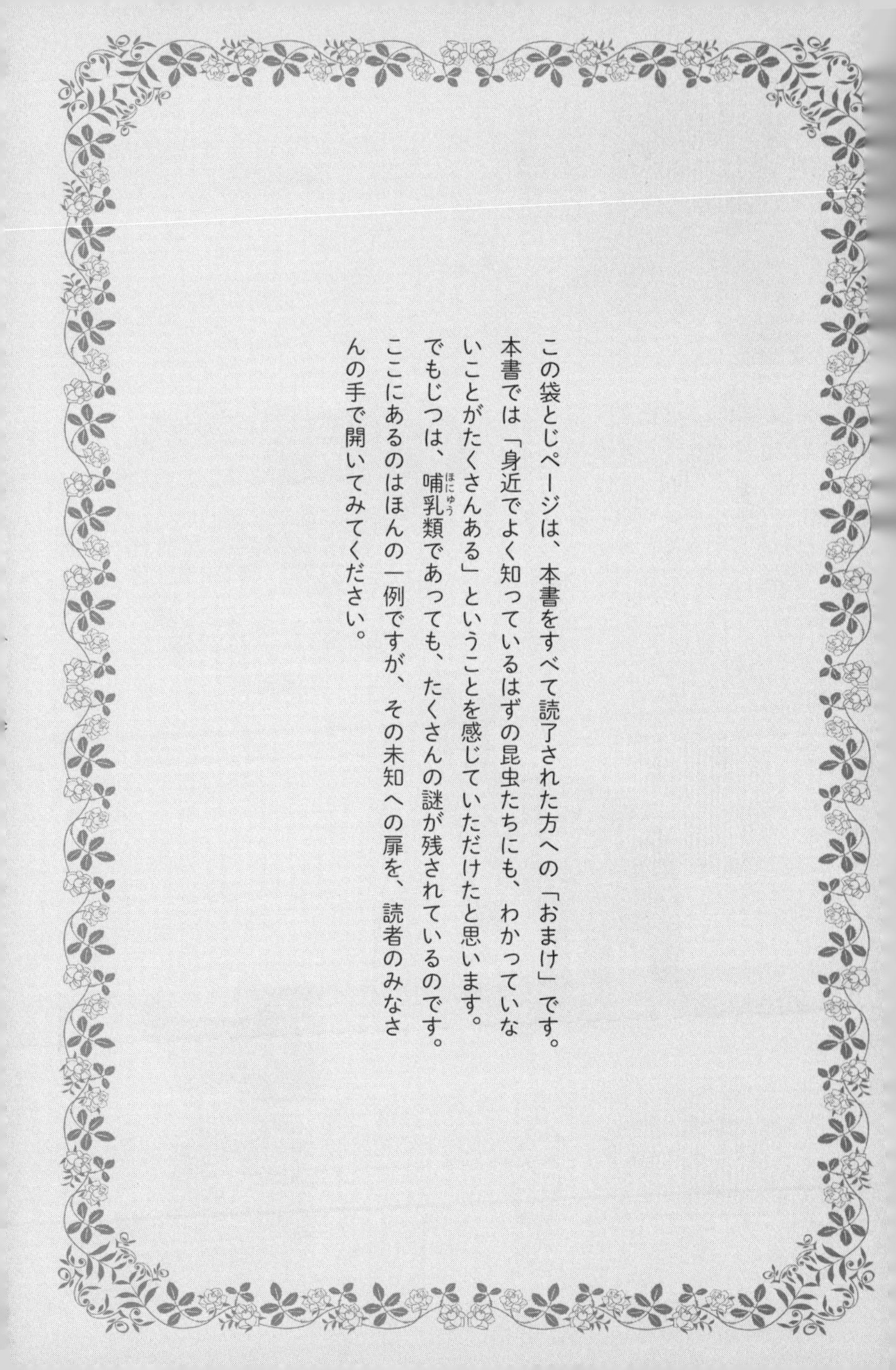

この袋とじページは、本書をすべて読了された方への「おまけ」です。
本書では「身近でよく知っているはずの昆虫たちにも、わかっていないことがたくさんある」ということを感じていただけたと思います。
でもじつは、哺乳類(ほにゅう)であっても、たくさんの謎が残されているのです。
ここにあるのはほんの一例ですが、その未知への扉を、読者のみなさんの手で開いてみてください。

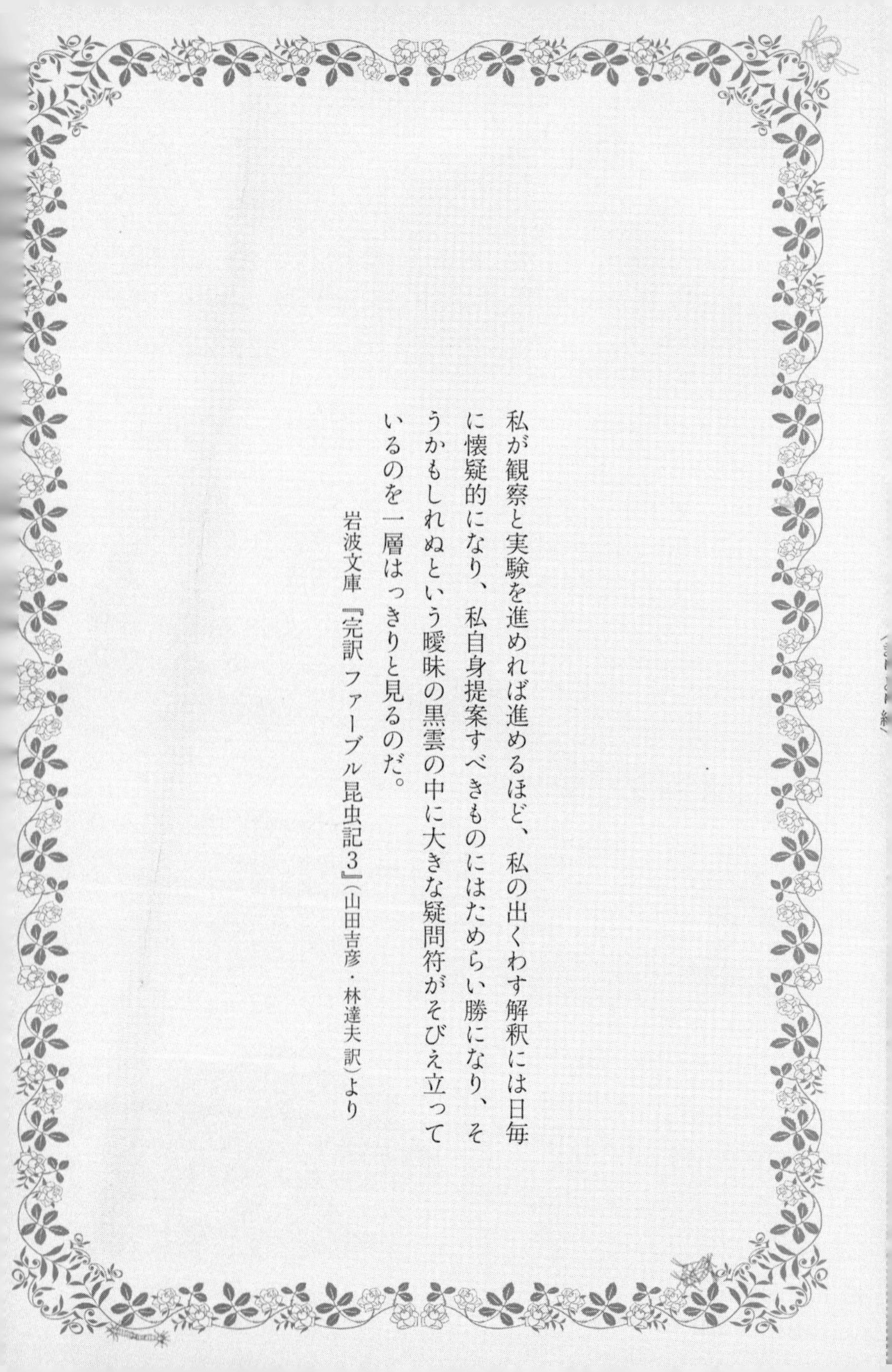

私が観察と実験を進めれば進めるほど、私の出くわす解釈には日毎に懐疑的になり、私自身提案すべきものにはためらい勝になり、そうかもしれぬという曖昧の黒雲の中に大きな疑問符がそびえ立っているのを一層はっきりと見るのだ。

岩波文庫『完訳 ファーブル昆虫記3』(山田吉彦・林達夫訳)より

哺乳類の交尾器

ペニスにある爪は、交尾時にメスの体に引っかかる機能を持つと推測されている。

先端が細い不思議な形をしているが、その意義は不明。１分以内～数分間という短い交尾時間に関係があるのかもしれない。

ワラビー

とてもシンプル。詳細不明。

ガラゴ（夜行性のサルの仲間）の各種。昆虫と同様、近縁な種間でも形が様々。

交尾器の進化が速く、近縁種間でもその形態が大きく異なることは、交尾を行う動物に広く認められる現象である。哺乳類も例外ではない。

ここに示した哺乳類のオス交尾器の形の意義については、研究がほぼ皆無である。寿命の長い大型動物を多数飼育することは難しく、実験動物として扱うには厳しい法律上の制約があるためである。これらは、生物学のあらゆる分野において、昆虫が重要なモデル生物として利用されている所以である。

多くのトゲを具えるが、これは精巣から分泌されるホルモンの影響で発達するため、去勢手術を受けたオスでは見られない。交尾時にメスを傷害する可能性もあるが、真偽は不明。

ネコ

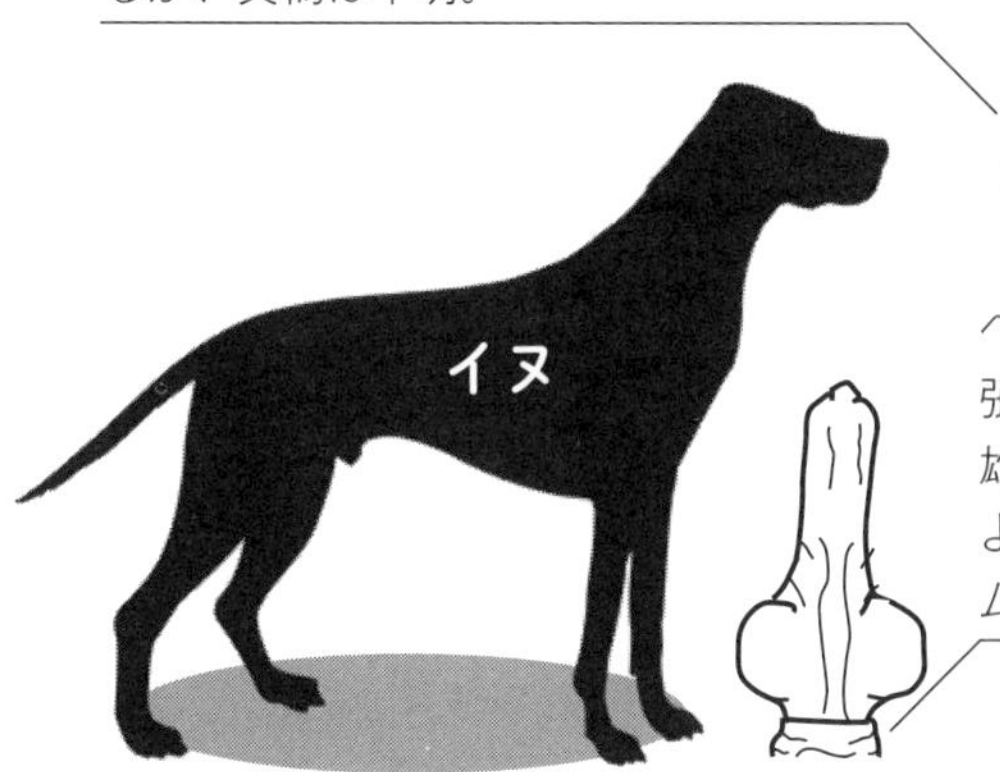

ペニスの突出部は交尾中に膨張し、交尾が終了するまで雌雄は離れることができない。よく似た現象は日本産カブトムシでも観察されている。

コルク抜きのようにねじれているが、その意義は不明。イノシシから家畜化されたブタも、先端部にねじれがある。